大上 丈彦 著
OHGAMI TAKEHIKO

森皆 ねじ子 絵
MORIMINA NEJIKO

ワナにはまらない微分積分

オオカミ流 高校数学再入門

技術評論社

・本書は大上丈彦 著『むずかしい微分積分』(荒地出版社)を全面的に加筆修正し、再編集して、装いもあらたに復刊したものです。

まえがき

　本書は筆者の予備校講師時代の授業ノートを元にした<u>一般向けの微分積分学び直し書籍</u>である。一般向けとするにあたり、授業ノートよりも説明を多くしたりていねいにしたりしているが、
受験生向けのアドバイスは削っていない
ので、今の高校生にも「元高校生」にもいいだろう。受験生向けのアドバイスは試験に無縁な「元高校生」にはムダに思えるかもしれないが、いやいや試験は普通は重要なところを出題するわけだから重要な内容の目印でもあるし、それにさ、たとえ「学び直し」であっても
「高校生の頃に聞いていたら嬉しかっただろうアドバイス」
が聞きたいんじゃないかな。筆者だったらそうだ。だからきっと読者もそうと信じる。というわけで「元高校生」の方は、高校生に戻った気分で読んでいただきたい。

　本書を「入門」に使えないことはないと思うけど、どちらかというと「その次」だろう。「習ったけどピンとこない」とか「習ったけど昔だから忘れちゃった」くらいの人が一番ピッタリくると思う。どこは特定できないが、たぶん
はしばしにそういう人向けの言葉が入っている
し、文科省のいわゆる検定教科書とは違う順序で解説しているのもその一つだろう。微分積分は数学の国にある一つの「街」である。どんな観光地にも「お勧めの観光ルート」はあってしかるべきと思うけど、それがすべてではないだろう。やりたいことが「ある街を把握すること」ならば同じ観光ルートを何度も回るより、自分で勝手にウロウロするのが一番いい。どんな学問でも、できる人というのはだいたい
勝手に街をうろついた人

である。教科書はベストの観光ルートだろう。たぶん。きっと。筆者も「初めてなら普通のツアーがいいんじゃね」と思う。ただ二度目以降はどうかな。あの街は一度行ったから、二度目は違うルートで回ろうよって、それほど奇異で突飛な発想じゃないはずだ。指導の順番にうるさい人もいるけれど、スポーツじゃないんだからケガもしないし、滑り台じゃないんだからケンカも起こらない。高校範囲の微分積分がちゃんとわかって、大学の数学にちゃんと橋渡しできて、話にオチがつけば、順番なんてどうでもいいんだよ。

いや実は指導の順序に一番うるさいのは当の高校生だったりする。変わった構成で授業をするとすぐに「せんせ〜い、教科書と違いま〜す」とか言い出す。うるせー、俺は俺の思うとおりに授業するんだよ。まあね、マジメなんだよね、みんな。でもさあ、

もっと悪い子に、もっと貪欲になれよ。

与えられた草を食ってばかりの「良い子」でいいのか。ツアールートから一歩も出ないでそれで満足なのか。無謀を奨励しているわけじゃないよ。ツアーをはみ出すならばツアーの10倍注意しないと危ない。でも

ツアーじゃ見られない世界を見たいだろ？

リアルの街には本当に危険な場所もあるが、数学の街では命を落とすことはない。それなのに臆病になるのは何かが間違ってる。才能が心配か？数学となるとすぐに才能とか言い出すヤツがいるが、そもそも世界は才能だけの勝負ではない。才能があってもなくても戦略と工夫が必要だ。微分積分は十分に強い敵で、

戦略もなしに、才能だけで闘っても、普通は負ける。

一般に戦略とは「見通し」のことである。どんな敵が来るかもわからない状況では、弱い敵に強いバズーカを使ってしまったり、強い敵に棍棒で立ち向かったりして、いずれ力尽き討ち取られてしまうだろう。ぜひ本書で微分積分の見通しを得て、微分積分の街あるいは数学の国を、自分の生まれ故郷のように自在に闊歩できる装備を手に入れてもらいたい。

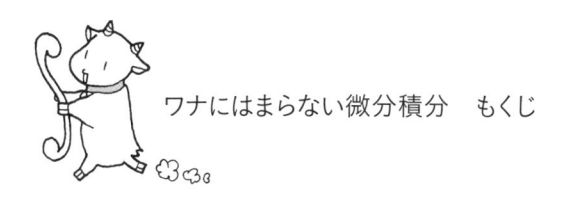

ワナにはまらない微分積分　もくじ

Chapter 1
微分・積分・極限の難しさ

1.1　心構えの問題 …………………………………………………… 010
1.2　微積分の教授法の分析 ………………………………………… 013

Chapter 2
積分への翻訳

2.1　刻んで集めて体積測定 ………………………………………… 022
2.2　これでいいの？ ………………………………………………… 029
2.3　もしも、の話 …………………………………………………… 031
2.4　試験範囲の功罪 ………………………………………………… 033
2.5　範囲を制限すると、ラクになるのか ………………………… 034
2.6　高校範囲の積分で面積や体積を求める ……………………… 036
2.7　誤差の問題 ……………………………………………………… 052
　　★ちょっとおやすみ★　積分の基本的な考え方 …………… 056

Chapter 3
テスト前の微分講義

3.1　たぬきの暗号文 ………………………………………………… 060
3.2　普通は、微分は必ずできる …………………………………… 062
3.3　微分のルール …………………………………………………… 064
3.4　記号の読み方 …………………………………………………… 066

3.5	いろいろな関数の微分	069
3.6	やり方のまとめ	086
	●わんぽいんと● それでもまぎらわしい優先順位	087
3.7	もっと疾く！	089
3.8	合成関数の微分について	092
	★ちょっとおやすみ★ 徹夜でギターを練習した先輩	097

Chapter 4
一合目から登る微分の山

4.1	一合目からの醍醐味	100
4.2	微分のアイディア	101
	★ちょっとおやすみ★ 平方根は「解けている」のか？	106

Chapter 5
極めつきの極限

5.1	定義されない値	114
5.2	近づいたらどうなるか	122
5.3	「近づく」の数学語	125
5.4	普通の値に近づけたら	128
	●わんぽいんと● 国語力の問題	130
5.5	カッコつけの「有限確定値」	132
5.6	収束しないものたち	134
5.7	極限の計算①	135
	●わんぽいんと● 試験に出る順	139
5.8	極限の計算②	146
5.9	極限の計算③	150
	★ちょっとおやすみ★ 本の信用度	156

Chapter 6
再挑戦の微分

- 6.1 微分のアイディアの実践 ... 160
- 6.2 微分の定義 ... 163
- 6.3 微分可能性と連続性 ... 169
- 6.4 「連続かつ微分可能」 ... 174
- 6.5 なぜ微分が有用か ... 178
- 6.6 定義の運用練習 ... 182
  - ●わんぽいんと● 空気を読め！ ... 184
- 6.7 指数関数の微分（e 登場） ... 185
- 6.8 自然対数 e ... 187
- 6.9 x^n の微分 ... 192
- 6.10 $\log_e x$ の微分① ... 193
  - ●わんぽいんと● らくちん大学生 ... 194
- 6.11 $\log_e x$ の微分② ... 198
  - ●わんぽいんと● 省略された log の底 ... 200
- 6.12 もうひとつの e の定義 ... 201
- 6.13 数列としての定義 ... 206
- 6.14 三角関数（$\sin x$）の微分 ... 210
- 6.15 三角関数（$\cos x$）の微分 ... 214
  - ●わんぽいんと● アウトソーシングする？ ... 215
  - ★ちょっとおやすみ★ 論理循環でダマす ... 216

Chapter 7
裏口から積分

- 7.1 微分積分学の基本定理 ... 220
- 7.2 ニュートン先生とライプニッツ先生のアイディア ... 222
  - ●わんぽいんと● 逆演算 ... 225
- 7.3 ちょっとした練習 ... 226
- 7.4 定積分 ... 230
- 7.5 簡単な積分なら簡単 ... 232
- 7.6 部分積分 ... 235
- 7.7 置換積分 ... 238

	●わんぽいんと● 部分積分と置換積分を使おう	241
7.8	区分求積法の凄さ	248
	★ちょっとおやすみ★ もどっておいで	257

Chapter 8
微積分のちょっと深みへ

8.1	100%を超えて	262
8.2	平均値定理と中間値定理	264
8.3	テーラー展開	278
	●わんぽいんと● 0のまわりでテーラー展開	296
	★ちょっとおやすみ★ パラダイムの問題	299

Chapter 9
微積の締めくくり

9.1	$\sin x / x$ の極限値	302
9.2	x^a の微分	307
9.3	神戸大学の問題	309
9.4	早稲田大学の問題	313

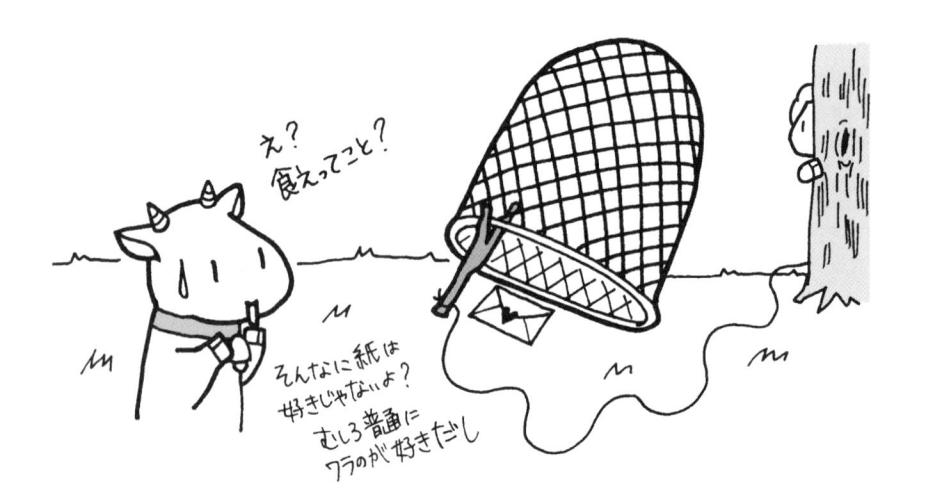

Chapter 1
微分・積分・極限の難しさ

Section 1.1
心構えの問題

まず大事なことから言っておこう。本書で登場する定義や公式は、

がんばって覚えるものではない

ので、いきなり

暗記猿に退化

しないように。お年寄りが記憶力トレーニングをするのは結構だが、若いエネルギーをそんなことに投資するヒマがあったら、恋人を楽しませるネタでも考えるように。それが世界平和というものだ。

　数学の先生は定義や公式をたくさん覚えているように見えるかもしれないが、それは違う。その場で公式を作っているか、もしくは、「使ううちに慣れてしまい、覚えてしまった」のである。それを

職業病という。

決して「覚えようとして覚えた」のではない。覚えようとガンバってしまうと覚えられなくて「数学の才能がない」と勘違いして投げ出してしまうのがオチだ。マジメゆえに失敗してしまうのである。かわいそうに。すべてを完璧に覚えられる

記憶の鬼

なら話は別だが、中途半端なマジメさはむしろ邪魔である。ならば筆者くらいいーかげんな方がマシだ。歴史学者が年表を覚えているように見えても、それは「年表を」覚えているのではない。年表を覚えるコツは、歴史をストーリーとして理解することである。ひとつの「お話」として

理解して、必要ならばその場で年表を自分で作る。これである。数学も同じ。とくに微分や積分は簡単に覚えられるような量ではない。だからこそ何よりも

ストーリーを押さえることが大事

になってくる。筆者は本書で基本的に高校数学の微分積分の範囲を解説しようとしているが、試験に出るか出ないか、というチンケな基準にはとらわれず、お話にオチがつくかどうか、という基準で執筆してみた。したがって高校数学の範囲を超えた内容もたくさん混ざっているが、それはストーリーを語る上で必要だから書いたまでで、別に高校生に対して大学の内容を先取りして教えて喜んでいるわけではない。だからもし読者が高校生なら、本書の内容をすべて完璧に理解する必要などまるでなく、読んで「おもしろいかもな」と思ってもらえれば十分である。だいたいそもそも筆者は「完璧な理解」などという言葉を持ち出すのが嫌いである。物事を70%理解するのは比較的簡単だが、100%理解するのは難しい。というか、無理である。100%の勉強では永遠に100%に達することはない。どーせなら

100%理解するには、120%やることだ

と考えよう。本書はまさにそれである。

　だいたいやねー、

範囲を制限すると易しくなるということ自体が幻想

なのだ。理解の上では、範囲などどうでもよくて、話がひとつのストーリーとしてつながることの方がよほど重要である。三国志[注1]は全部読むから全体がわかるのであって、

1巻おきに読んだってしょうがない

注1) 古代中国を舞台とする大河ロマン。

ではないか[注2]。全巻読むのがタイヘンだったら、何十巻もある吉川英治の『三国志』ではなくて、

違う作家のもっと短い「三国志」を読破

した方がよほどいい。マンガの方が読みやすければそれもいいだろう。よーするに、年表を見たときに、頭の中で人物が動き出すことが大事で、その準備ができるかどうかがポイントなのだ。ただ、「試験範囲」となると話は別だ。話を聞いて理解できるのと、その範囲の問題が解けるのでは、サッカーを見るのとやるのくらいの違いがある。

「120%やることで100%の理解に近づく」という考え方を大学受験にあてはめれば、筆者は受験生には、「演習はその子の受けたい大学の試験範囲まで、理解は試験範囲の一歩先まで」をお勧めしている。もっと簡単に言えば、文系なら「理系までの理解」。理系なら「大学初年級までのトピックを知っておくこと」である[注3]。現実的には試験範囲外のことをやるのは難しい面もあるが、お話としてまとまりのいいところまで知っておくことは受験戦略としても有効であることが多い。

「高校生」という肩書きは、最近なぜかグラビアアイドルの付加価値に成り下がったような気がするけど、基本的に、

微分積分は、高校数学における最高峰のテクニック

である。微分積分を理解すれば胸を張って「高校で数学をやった」と言える。易しいはずがない。ハッキリいってラクではないが、だからといって易しくしては意味がない。筆者は初心者に対しては、

易しくする必要はないが、優しくする必要はある

と考えている。それにラクではないからといって、つまらないわけではない。きちんとやれば誰にでもできるハズなので、ついてきて欲しい。

注2) 1巻おきに読んだら半分の時間で読み終わるだろうか？ 途中で話がわからなくなって、投げ出すのがオチだろう。そういうアプローチは負け筋なのだ。

注3) 入試では、大学指定の試験範囲の一歩外の範囲から出題されることがままある。もちろん明らかな範囲外からの出題はあり得ないが、「範囲外の知識を、誘導をつけたりして範囲内の知識で解けるような問題に焼き直して」出題するのは、入試問題作成の常套手段である。

Section 1.2
微積分の教授法の分析

　読者の皆さんは、微積分をどのくらい知っていて、どのくらい好きだろうか。本書は章立てからしてクセが強いけれども、もともとこの分野は先生の教え方のクセが強く出るところなのである。だから、本書と全然違うように教わった人もいるだろう。教え方に決定版があるわけではないので、要は自分に合っているかどうかが問題である。ひとつのことを説明するのに、方法はいくつもあるが、

そのすべてを理解する必要はない。
どれかでわかればいいのだ。

そんなわけで、むしろクセの強い説明の方が読者の役に立つと信じて書き進めるとしよう。

　微積分は、普通の教科書では、(1) 極限 (2) 微分 (3) 積分、の順に習うことになっている。しかし、ストーリー重視の筆者としては、この順では、やりにくい。

　なぜやりにくいのか、そして、教科書ではなぜこの順序で教えるのか。それをまず検討してみよう。この作業は一見無駄なようだが、筆者はそれなりに意味があると思っている。

　まず、筆者がなぜ教科書の順では書きにくいと思うのか。それは簡単で、筆者は数学をなるべく面白く書こうと思っているからである。数学に限らず、科学の発明や発見は

それだけでドラマ

と言っても過言ではない、アイディア競争の世界である。ならば歴史の順に語っていくのは、安直だが有効な方法のひとつとなる。エジソンが

電球を発明したという話をただ聞いても

あら、そう

程度のものだろう。やはりあらかじめ「暗いときの不便さ」をよく観客に教えておかないと、やったぁ！ ついに完成したゾ！ という、電球を発明したときの感激を共有するのは難しい。また、電球の発明なら映画を作ることができるだろう。しかし、数学の場合には作りにくい。数学者を扱った映画はあるけれど、数式を変形して得られた面白さを追体験するには、やはりある程度観客自身が手を動かしてみる必要がある。それなりのガイドがあって、しかも頭と手を動かさないと、そこにある「楽しさ」を追体験できないなんて、

なんてマニアックな趣味なんだろう

と思うが、一応、筆者としては

映画監督になったつもりで、楽しいガイドを提供しようとしている

わけだ。この演出に観客の皆さんが楽しんでノッてくれれば嬉(うれ)しいけどねぇ。

　エジソンの話が出たので、もう少し電球を例に説明しよう。電球の発想は単純で、

燃えたら、明るいじゃん？

くらいのものである。そうでしょ。しかし、普通は燃えたらすぐ燃え尽きちゃうので、実現するまでにいろいろと工夫を重ねることになる。そして実際に電球として実用化できるまでには、山のように困難があったのだ。

　しかし我々の前には、もうすでに完成した「電球」がある。材料とし

て何を使えば燃え尽きないか、どうすれば爆発しないか、などのノウハウはもう揃(そろ)っている。そこで、「エジソンの電球を作ってみよう」という企画を立てれば、それなりに時間はかかるだろうが、エジソンが費やしたほどの時間はかからずに、電球を完成させることができるだろう。

ここで、教科書を執筆する側の心理を考えてみよう。電球を作る実験の、親切なマニュアルを作ってあげることを考える。

(1) 竹からカッターで薄く細長い 10cm くらいの竹片を切り出す。
(2) さらに竹片を削り、非常に細い糸状のものにする。
(3) バーナーであぶる。
(4) …以下続く

執筆者としてはていねいに作ってあげたつもりだろう、きっと。しかし、はじめに一言、「エジソンの電球を作ってみましょう」ということを言わなかったらどうか。なぜ竹を切るのか、なぜバーナーであぶるのかの意味が全くわからず、できたものを先生に持っていけば、もっと薄くしろだの厚くしろだのと、わけがわからないまま怒られる。

誰だってそのうちキレるだろう。

こんな実験が面白いハズがない。で、筆者は、数学教育、とくに、極限・微分・積分がこれに近い状況だと言いたいのである。

おそらく教科書の執筆者は、学生に嫌がらせをしようなどとは思っていまい。微積分を論じるための準備として、極限という道具を用意して、説明が滞りなく流れるような構成になっている。

しかしだ。やはり「電球の発明」を追体験するなら、もともとのアイディア「燃やせば明るいだろ」から出発するべきだ。失敗して回り道をしても、モチベーションさえ続けば電球を完成させることができる。逆に、どんな簡単な実験でも、やる気がなくなればそこでオシマイ。結果がないだけでなく、

失敗という「敗北感」を残してくれる。

この失敗は才能のせいではないのに、

普通の人は、自分を責める

ものだ。しかしそれは、感じる必要のなかったものなのである。

　長沼伸一郎氏の著書『物理数学の直観的方法』[注4]は筆者の思い出の本で、上で挙げた「竹」の例は実はその序文で長沼伸一郎氏が書かれていることをヒントにしている。別の例を出してもよかったが、私なりの敬愛のつもりで同じ題材を使わせていただいた[注5]。興味を持たれた方は、ぜひ参照されたらよいだろう。よく考えてみると、筆者は子供の頃から「科学」が結構好きだったが、いざ中学や高校で理系教科を習うと、それはとてもつまらないものに思えた。それが「面白さが見えていなかっただけ」と気づくまでが長かった。いい本との出会いは人生を左右する。

　筆者は中学や高校での理系教科がつまらなかったと述べたが、だからといって中学や高校の先生が教育者として無能だったとは思わない。モチベーションの有無は、はじめに一言、「エジソンの電球を作ってみよう」があるかないかが大きいが、実際問題としてその一言が抜けているマニュアルや授業はあり得ないし、それはただの欠陥である。ここで指摘したいのは、マニュアルや授業に問題がなくとも、同様の状態が引き起こされる可能性があるということだ。つまり、授業でいえば、生徒側から見るとそれは、

先生のその一言をたまたま聞いているかどうか

にあたる。聞き逃した人は、大事な一言が抜けた授業を受けたのと同じ状態におかれてしまうのだ。「まじめに聞け」というのは正論だが、その正論は人を救わない。まじめに授業に出ていても、その一瞬を逃す可

注4）『物理数学の直観的方法』長沼伸一郎；通商産業研究社。普及版がブルーバックス（講談社）でも出ている。

注5）このあたり、パクリじゃなくて、宣伝と考えて（笑）。『物理数学の直観的方法』は大学レベルの内容をまともな言語で解説した数少ない本のうちのひとつだ。

能性は、誰だってゼロにはできないだろう。筆者はまじめではなかったからなおさらだ。だから本書では繰り返し、

理解できなくても、安易に自分を責めるな

と書いているのである。本書では重要なことは繰り返し書く。何度も出てこないような内容は重要じゃない。登場人物のセリフを一語一句覚えようと意気込んで小説を読み始める人がいないように、本書も気楽に読んで欲しい。大事なことはそういう姿勢で読んでも心に残る。

さて、本書の構成についてだが、本書で生まれて初めて微分積分に触れるという、

なかなかチャレンジ精神旺盛な諸君

は、以下の解説を読む必要などない。むしろここから先を読むのはネタバレになる。今すぐ Chapter 2 に突入してしまえ。まあ、歴史小説を読んでいる人に、「関ヶ原の戦いって小早川が裏切るんだよね」と囁くのは

推理小説で犯人をばらすことに比べたら罪は軽い

とは思うが、ま、そんな感じである。ハッキリ言ってどうでもいい話だったね、すまんすまん。以下は一度どこかで微分積分を習ったことがある人に配慮しただけだ。

本書で微積分に触れるのが初めてではないという方々、きっとそういう方が大部分だと思うけれども、本書は普通の本とは構成が違うので、

まだ何も習っていない頃のピュアな気持ちで

読み進んで欲しいのだが、一度失った処女童貞の頃の気持ちはなかなか取り返せないものなので、ざっと構成を解説するから心の準備に役立て

てもらいたい。

まず積分・微分・極限の関係だが、専門家によって異論が山ほどあるところだと思うけれど、本書では次のような設定で考えていく。

面積や体積を求めたい。それには積分を使う。
積分には微分が必要で、微分には極限が必要だ。

というわけで、

きちんと極限から準備していくのが教科書。
ろくに準備もせず、とりあえずやってみるのが本書。

以上をふまえて、本章の構成は次のようにする。

Chapter 2　積分（1回目）

まずは、積分のアイディアと立式まで。積分を正攻法で計算しようとすると、数列の知識が必要になる。本書では数列についてはあまり深入りしない方針だが「区分求積法」には少し触れる。触れるだけ（笑）。

Chapter 3　微分（1回目）

結果先取りでまず慣れることから始めよう。気分は試験前！　まずは「計算ルール」を把握してしまおう。サッカーのルールブックを読む前に、とりあえず蹴ってみますか、ということだ。微分はいくつかの単純なルールの組み合わせで計算できる。パズルのようなつもりで挑戦してみよう。

Chapter 4　微分（2回目）

前章で慣れたはずの微分を、もともとのアイディアから説明しよう。ただしここでも積分と同じで式を立てるまで。式を立てるまではできなくてはいけない。実は計算を実行するのは簡単ではなく、極限の知識が必要だったのだ。

Chapter 5　極限

　極限のような日常とかけ離れた概念がなぜ必要になるのか。普通の人にはよくわからないだろう。長い会議で導かれた結論が、参加していない人には「よくわからない結論」としか思えないことがよくあると思うが、ここもそんな感じだ。ここでは「微分したい」という強い意志があるから、極限なんてメンドクサイことを考えることができる。極限は極限として深い分野なのだが、ここでは微分のための道具として極限が使えるようになろう。そうすれば微分の計算が力ずくでできるようになる。

Chapter 6　微分（3回目）

　苦労して極限を準備したのは、微分のアイディアを完成品まで結びつけるためだ。便利な発明品のアイディアは、えてしてシンプルなものである。実現のためにはいろいろと障害があり、それを乗り越えるための工夫が必要なのである。ここでは極限の知識を使って、途中で保留にしておいた微分の計算を最後までやりきろう。

Chapter 7　積分（2回目）

　ここまででもう一つ保留になっているもの、それが積分の計算だ。ここではニュートン先生とライプニッツ先生[注6]のアイディアによる、積分の計算法を説明する。実はもう「極限」の知識があるから、頑張れば積分流の方法で積分を計算することもできる。それが区分求積法だ。つまり、この時点で積分は二通りの方法で計算できるようになっているのである。ただし、どちらの道も通りやすいということは、とくに入試問題では、あまりない。入試問題のパターンとしては、どちらかが舗装道路で、どちらかがイバラの道になっているものを使う。そしてイバラの道を目の前にババーンと出して、「これを解きなさい」というのである。

注6）　アイザック・ニュートン（英：Sir Isaac Newton, 1642 - 1727）、ゴットフリート・ライプニッツ（独：Gottfried Wilhelm Leibniz, 1646 – 1716）← 結構最近の人でしょ。数千年前から始まる数学の歴史から見ると、微分はとても「新しい」学問なのだ。ニュートン先生とライプニッツ先生は、ほぼ同時期にこのアイディアに到達したらしい。二人の仲が良かったという記録はなく、どちらが先だのという議論はあるようだが、ここではお二人ともに敬意を表して、並べて表記する。

よって入試問題を解くためには、道を進む能力に加え、二通りの道筋を自由に選べる能力が必要なのだ。

Chapter 8　微分積分の応用編

　微分と積分のストーリーは既に一段落しているが、ここでは教科書に出てくるけどよくわからない人が多い「平均値定理」と「中間値定理」を説明する。ついでにテーラー展開もやってみよう。よーするにここは微分積分の応用編にあたるが、本書では応用は応用のためにやるのではなく、基礎のために応用をやる。応用してみると基礎がよくわかる。スポーツも音楽も、大事なのは基礎である。でもえてして基礎はつまらない。応用が見えなければ、基礎トレなんてすぐに飽きてやってられなくなってしまうものだ。

　それにしても…

　　　　　　　ぐぇー、やること多いなあ！

頑張っていきましょー。

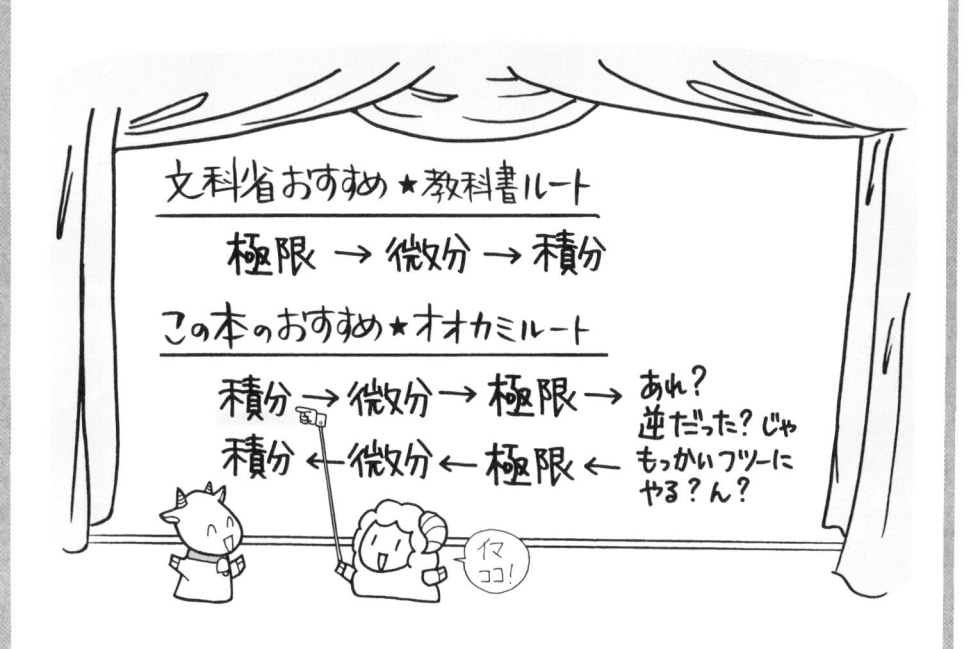

Chapter 2
積分への翻訳

文科省おすすめ★教科書ルート

極限 → 微分 → 積分

この本のおすすめ★オオカミルート

積分 → 微分 → 極限 → あれ？逆だった？じゃもっかいフツーにやる？ん？

積分 ← 微分 ← 極限 ←

イマココ！

Section 2.1
刻んで集めて体積測定

まずは問題を見てみよう。

> 金閣寺の体積を求めよ。

金閣寺の体積は、精巧なミニチュアを作って水にでも沈めれば、求めることができるだろう[注1]。しかしここでは、数学的に解くということを考える。

「数学的に解く」というと、知らない人は

いかにもすごそう

に感じるに違いない。知っている人には、それほどのインパクトはない気もするが、

うまい落語家の落語はオチを知っていても楽しめる

ものである。ネタを知っている人を楽しませられたら、筆者は物書きとして本物に違いない。あんまり自信ないなー。まあいいや。

とりあえず座標軸を設定しよう。金閣寺は3次元の物体だから(当たり前だ)、x、y、zの3軸を設定すればいい。一応「直交座標系」ということにしておこう。別に直交しなくてもいいのだが、まあとりあえずムダにわかりにくくする必要はないし、とりあえず「直交」ということにしておいてね。よーするに

注1) あふれた水の体積を枡ででもはかれば求められるよね。安直な方法と言うなかれ、これはこれで十分に「科学的」な方法である。

普通の座標系を設定しただけ

だ。深い意味はない。

さて、体積を求めよう。立方体や三角錐と違い、金閣寺は複雑な形をしている。そこで、

細かく切り刻むことを考える。

どのくらい細かくかというと、$dx \times dy \times dz$ の直方体[注2]に切り刻む。dx って何？と言われそうだが、とりあえずここでは「x 軸方向の小さい幅」と思ってほしい。dx などはライプニッツ先生という偉い先生が作った記号で、

それで1文字扱い

である。別に $d \times x$ というわけではない。意味は「ちっちゃい x」くらいの意味である。数学の議論になぜ「小さい」などという曖昧な言い回しが登場するのかは追々わかってもらうとして、とりあえず議論を先に進めてしまおう。これから、その直方体一粒の体積を求める。座標系が直交していないと体積の計算が面倒になるが、あらかじめ「直交する」としておいたからラクちんだ。体積は $dx \times dy \times dz$ とすぐわかる。

数学っぽくするために、「金閣寺の体積」に何かの文字を設定することにしよう。何でもいいのだが、犬に名前をつけるなら

とりあえず、「ポチ」

みたいな感覚で、体積の場合は V を使うことが多い[注3]。というわけでここでも大文字の V は「金閣寺の体積」を表す文字として使うことにする。ついでに、金閣寺を切り刻んだ粒子一粒の体積を表す文字も設定

注2) まあ、塩の結晶みたいなものをイメージしてほしい。別に直方体である必要はなく、六角柱でも何でもいいのだが、ここでもあえて変態的なイメージを持つ必要はないだろう。別に、変態的なイメージでもできる。試したわけじゃないのでわからんが、できるはずだ。理解したあとでぜひチャレンジしてもらいたい。

注3) 英語の体積 Volume の頭文字でしょ。

しておこう。「ちっちゃい V」くらいの意味を込めて（さらに、文字 V にも「ちっちゃいよ」という意味を込めて小文字にしてみたりして）「dv」と表そう。数学をやってる人は、この dv を見ただけでなんとなく「V のひとかけらかな」くらいの気分が出る。あくまで気分の問題である。で、そうすると、細かく切り刻んでできた直方体一粒の体積 dv は、

$$dv = dx\,dy\,dz$$

となる。掛け算記号はいらないの？という気になるかもしれないが、dx は「それで1文字扱い」なので、$y = 3ax$ の「$3ax$」のように掛け算記号はいらないのだ。もちろん「$3 \times a \times x$」と書いても間違いではないが

カッコ悪い

のでそういうことはしない。そう、こんなことは「見てくれの問題」なのである。先の、文字の設定についてもそうだが、基本的に文字なんて何を使おうと構わないはずである。体積を T にしようが S にしようが、もちろん間違いではない。でも、

ポチという名前の猫は、名付けした人のセンスを疑う

だろう。そーゆーもんなのだ。だから読者の皆さんも、別にとくに理由がないのなら、体積を表す文字は V あたりにしておくことをオススメしておこう。初心者がまわりのプロから指を指して笑われても、能力がないからとは限らない。ただ、初心者には理由がわからない。ついうっかり「何か俺、変なことしたかな」と自分を責めてしまいがちになる。しかし、それは何というか、

能力とは関係のないこと

なのである。初心者というのは、転校してきたばかりの小学生のようなものである。「トイレに連れてって」と頼む友達の人選を誤って、「コイツ、トイレも一人で行けねーの！やーい」と大騒ぎになってしまったら、

★ 金閣寺全体の
体積を V

★ 金閣寺を
すげぇ小さく
切りきざんだ
ブロックの体積を

$$dV = dx \times dy \times dz$$
（たて）（よこ）（高さ）

としよう！

切って
出し

すげー
キンキラジャー

ぱかっ

2.1 刻んで集めて体積測定

ちょっと泣けてくる

だろう。なるべく本書は初心者の陥りがちな落とし穴に気を配っていきたいが、本書でも全て解説するのは無理であるし、もちろん筆者にも気づかない点はきっと多々ある。これはもう初心者への恒例の洗礼と思って耐えるしかない。どーせなら開き直って、「初心者が、そんなこと知るか！」と言ってもらいたい。「俺ってそんなこともわからない、ダメなヤツ…」とヘコんでしまう人が多いから、クソわかりにくい入門書が世の中にはびこるようになる。

入門書をわかりにくいままにしておくのは、読者にも責任がある！

今回のような事例から、読者自身がこのことを学んで、賢い初心者になってもらうしかないのだ。

　さて、話を戻そう。粒々を金閣寺分足し合わせれば、金閣寺の体積が求められる。「たくさん足し合わせる」を表す記号が「$\int$」でインテグラルと読む。これはＳを縦に引っ張った記号で、なぜＳなのかというと、例によって英語のSummation（足し合わせ）の頭文字である[注4)]。もし日本人が積分を作っていたら「た」を縦に伸ばした記号になっていたかもしれないね。残念だ。足し合わせたいものをインテグラルのあとに書けば、それを足し合わせるという意味になる。dvをたくさん足し合わせたいなら、

$$\int dv$$

と書けばよい。簡単でしょ。

　あとは「どのくらい」足し合わせるかを書くだけだ。「どのくらい」はインテグラル記号の右下に書くことになっている。結局、金閣寺の体積は、

注4) 辞書でintegralを引けば「全体」とか「総体」とある。結局「たくさん足し合わせる」ということが言いたいだけだ。

$$\int_{金閣寺} dv$$

となるのである。金閣寺の体積を V とすると、

$$V = \int_{金閣寺} dv$$

とすればいいのである。これが答えである。いろんな意味で、

そんなんが答えでいいの？

と思うことだろう。それは次で解決していくことにしよう。

なお、$dv = dx\,dy\,dz$ だから、

$$V = \int_{金閣寺} dxdydz$$

でもいいし、なんか dx みたいなもの

1コにひとつ、インテグラル

と考えて、

$$V = \iiint_{金閣寺} dxdydz$$

でもよい。ハッキリ言って、$\int$ でも $\iiint$ でも、どうでもいい。この程度は相手が数学者ならどう書いたって理解してもらえる。初心者は「全然違うじゃないか」と思うかもしれないが、例えば「2^3」を「23」に間違えるとたいした違いではないのだが、おかしな結果になるだろう。逆にここは、文字にすると大きく違うが、意味は間違えようがない。

よーするに、

間違えていいところと悪いところがあるのだ。

この $\iiint$ は「体積積分」とか「三重積分」といって、範囲としては大学初年度程度にあたるが、意味は今まで見てきたように単純明快なので、別にビビる必要はない。

ところで「足し合わせる」を表す数学記号はもうひとつあって、それ

は「Σ」である。どう違うかというと、なんか、

細かく切った、小さいものを足すなら $\int$
ある程度のカタマリのものを足すなら Σ

くらいの、アバウトな棲み分けができている。「ある程度」がどの程度かを説明するのは難しいが、まあ単純に $\int$ は dx に対応していると思ってくれてよい。dx が出てこない場面、例えば支店がたくさんある企業の総売上なんかは、なんとなく

$$（総売上）= \Sigma（支店の売上）$$

と書きたくなる。よーするに、普通は Σ なのだが、本書では「かなり細かく切る場合」がテーマなので $\int$ の方がよく出てくるだろう。ちなみに、Σ はギリシア文字の「S」にあたり、結局「たしあわせ」の「タ」にあたる。実は安直なんだね。

Section 2.2
これでいいの？

金閣寺の体積は、
$$V = \iiint_{金閣寺} dxdydz$$
だった[注5]。これを見て、

(1) なるほど。次が知りたい。
(2) 話はわかったけど、全然求めたことにならないじゃん？
(3) $dxdydz$って何？ $\iiint$って何!? 細かく切ったなんて言われても、どのくらい細かく？ もう、わかんな〜い。

このくらいの反応を筆者は想定しているが、どうだろう。それ以外の印象を持った人は、ぜひ筆者までお便りしてもらいたい。

(2) の人は、いいところに気づいてしまったようだね。気づいたから優秀とか優秀でないとかは残念ながら

関係ない。

ただ、気づいてからが問題だ。気になって先に進めないようでは困る。世の中そんなにすぐ解決できることばかりではない。些細なことに固執してしまうと大局を見失ってしまうだろう。数学ではAがわからないとBがわからない、BがわからないとAがわからない、という状況がよくある。このような行き詰まりを

注5) 「何でもいいんだよ」という主張を込めて、Vを$\int dv$と書いたり$\iiint dxdydz$と書いたりするから、普通に「同じもの」と見えるようになってね。

デッドロック

という[注6]。デッドロックはどうしようもないが、かといって、気にせず進む、というのもまずい。そのまま忘れ去って消え去ってくれればいいが、えてして無意識下での「不得意感」になってしまって、いつか破綻することになる。ではどうしたらいいのか。

疑問の答えをすぐに得ようとせず、かつ、忘れずに取っておく

ことである。とりあえず保留にすることだ。高校時代の疑問点を取っておいて、たまたま解決されると、

例えば本書ができあがる。

そう、この本は、筆者が保留にした疑問点のカタマリなのだった。

今回の疑問については、56ページの「ちょっとおやすみ」コーナーで触れることにするが、読者に数多く湧き起こる疑問のうちで筆者が解決できるのはごくわずかのはずである。だから、今回はいいとして、今後は読者の皆さんも「忘れずにとっておく」という作戦をぜひ実行してもらいたいと思う。

(3)の人。筆者の偏見だが、なんとなく、ここに当てはまる人は女性が多いようだ。なぜだろう。よくわからないけど、「もしも」の話が苦手なのかなあ。一応ここは「もしも」の話だから疑問を持って欲しくはなかった。ここは保留にせず、次で解説しよう。

注6) まあ、数学だけにある話ではないね。

Section 2.3
もしも、の話

　男が「もしオレが浮気したら、このナイフで刺してくれ」とカッコイイこと言うつもりで、
「もしオレが浮気したら…」
「アンタ！　浮気したの！？」
「イヤ、だから、『もし』って…」
「浮気したんだ〜。エ〜ン。」
となったら、まさに、

台無し

に違いない。この場合、馬鹿なのは男なのか女なのかは別にして、

「もしも」の話は、最後まで聞いて

と、ちょっと思う（笑）。
　dxってのは、実はいろいろな意味が含まれた記号で、パッと思いつくだけで「x軸方向」って意味と「ごく狭い幅」って意味がある。ややこしい。さきに「ちっちゃいx」と紹介したが、それではまるで正確ではない[注7]。正確ではないことはわかっているけれど、正確であればいいとは限らない。だって、絵本を読み始めて間もない子供に

近親相姦しちゃうようなグリム童話[注8] **を聞かせる**

のはしょーもないことでしょ。そういうことは、大人のエンターテイメ

注7) 「ちっちゃい」という表現に、「不正確さ」を表現したつもりである。しかしそんなこと、読者にわかるわけがないに違いない（笑）。
注8) グリム兄弟の書いた原作は民話を元にしており、とくに初期の作品には結構えげつない表現が含まれるという。グリム兄弟自身も何度か表現をおとなしく改めたりしている。

ントなのである。だからとりあえず、「dx」に関しては

「正確な定義はさておき『ちっちゃい x』」

で問題ないはずなので、そのように納得しておいて欲しいのだ。もし将来、この定義では困るときが来たら、そのときは

自分の成長を素直に喜んで欲しい。

　で、その「ちっちゃい x」を「足し合わせて…」という、その足し合わせを表す記号が

$$\int\int\int$$

なのである。体積で3次元だから$\int$が3コだけど、

3個まとめて「足し合わせる」って意味

と考えて欲しい。
　本当のグリム童話を知らなくても、普通のグリム童話を知っていれば人生には困らない[注9]から、とりあえず今はいーかげんだけどこんなもんで許してください。お願い。見逃して♡

注9) よくわからんが。

Chapter 2　積分への翻訳

Section 2.4
試験範囲の功罪

金閣寺の体積は、もう式で表せると思う。ではゴジラの体積はどうか。

$$V = \iiint_{\text{ゴジラ}} dv$$

でいい。じゃあ、モスラは？（以下略）もうなんでもできるでしょう。式を作ることに関しては、なんでもできてくれないと困る。しかし、それを解くとなると別問題で、体積積分（三重積分）の処理は大学初年度の範囲である。別に難しくはないのだが、高校の範囲ではないし、ここではやめておこう。

体積積分があるのだから面積もありそうである。なぜか面積積分とはあまり言わず、「面積分（重積分）」と言う[注10]が、とにかく言いやすい方で言えばいい。記号は当然、$\iint$ である。もちろんこれも高校範囲ではない。高校範囲なのは、

$$\int dx$$

これだけ。なんかカンタンな気がしてきた？　そうですなー。

しかし、不幸はここから始まる。

注10) 体積積分も「体積分」という言い方もする。微分積分も略して「微積分」と言うこともあるし、このあたり、ハッキリ言って、どうでもいい。普通の本ではどちらかに揃えるものだが、どちらかに統一して話す人はいないので、それに慣れる意味をこめて本書ではあまり気にせずいろいろ混ぜて使うことにする。

Section 2.5
範囲を制限すると、ラクになるのか

　高校生を試験する試験官の気持ちを考えよう。高校範囲で出題していいなら、普通に問題を作ればいい。しかし、小学生の範囲で出題しろと言われたらどうだろう。普通に出題したら、全員満点近くをとって、とても学力を比較することなどできない。そこで、発想力が必要だったり、特別なやり方が必要だったりする問題を作るしかなくなる。

果たしてこれが健全なのか？

つまり、試験される側の実力と試験する側の試験範囲の設定が合わないのは

不幸の始まり

だということだ。そして、今の大学入試は、まさにそれである。高校生はムダに難しいものをやらされているのだ。だからといってそれに反抗しても仕方ない。トコトン反抗して外国の大学にでも入学すれば、それはそれで一つの道だろうが、中途半端な反抗は投げ出すのと変わらないし、日本で大学入試を受けるなら、やるしかない。結局のところ

やるかやらないかの２択

なのだ。ダダをこねた先に未来はない。もし読者が高校生あるいはそれ以下なら

そーゆー世界なんだ

ということを心の隅においておこう。本質を知れば「入試に通るため」と割り切ることができる。街で怒鳴られたらケンカになるが、仕事での

接客中に客に怒鳴られても怒りを呑み込めるはずだ。なぜ怒りを呑み込めるのか。仕事だから？　そう。

もっと大きい目標が見えているから

である。

　何が言いたいかというと、試験というルールの上で闘うのもムダとは言わないが、それで撃墜されては元も子もないということだ。筆者は高校数学の概念そのものは難しくないと思っているが、概念をつかむまでには落とし穴がたくさんあると思っているし、入試問題はとても難しいと思う。筆者にとっては毎年の入試問題を眺めるのは

人間の創造力に触れるひととき

なのだが、受験生にとってはたまったものではないだろう。素直な出題をすると差がでなくて受験生を選べないから、というのは選ぶ側の論理である。試験範囲をそのままに問題をヒネって難しくするのではなく、素直な出題をそのままに試験範囲を拡げるのが良いのではなかろうか。

　…と書いてみたものの、どちらが受験生にとってラクなのかは微妙だよね。ともかく、受験というのは「特定のルールの上での闘い」にすぎない。受験国語の得手不得手が「面白い小説を書けるかどうか」と関係がないことは誰にでもわかると思うが、数学もそれと同様なのだ。受験数学が得意な人はそれを誇りにすればいいと思うが、不得手だからあるいは不得手だったからといって、数学を学ぶのに何も臆することはないのである。

Section 2.6
高校範囲の積分で面積や体積を求める

体積積分や面積分は、実に素直である。積分記号 $\int$ の意味そのままに、

$$(体積) = \int_{(範囲)} (微小体積)$$

とか

$$(面積) = \int_{(範囲)} (微小面積)$$

とすればいいのである。体積積分や面積分は高校数学の範囲外だから、高校生はこの手は使えないのだが、だからといって高校生が面積や体積が求められないわけではない。できないならできないでいいのに、中途半端にできるから困る。部活の練習前に空を見ながら

どーせなら土砂降りになればいいのに

と思ったことはないか？霧雨くらいが一番イヤになる。そんなわけで[注11]積分計算はなまじできちゃうから困りものなのだが、やらないことには仕方ないので、以下では前向きに

だから工夫の余地があって、そこが面白いところ

と考えよう。霧雨だって、練習が始まってしまえばもう気にならない（かもしれない）。いずれにせよ、

プラス思考は大事

に違いない。

注11) どんなわけだ？

さて、我々には道具がインテグラル1個しかない。これは、1つの軸方向にしか足し合わせられないということに相当する。

キュウリの輪切りを足し合わせることしかできない

ということだ。でも、キュウリの輪切りをイメージする限り、

$$（キュウリ）= \int （薄切り）$$

で体積も行けそうな気がする。

実は、これでいいのである。

1つの軸方向にしか足し合わせられないからといって、体積や面積が求められないわけではないのだ[注12]。まあこのあたり次ページのねじ子画伯のありがたいマンガを参照して欲しい。

ショボい例になるが、キュウリの代わりに、次の例を考えよう。

> 断面の円の半径1、長さ2の円柱の体積を求めよ。

答えは2πに決まっているが、これを

積分で求めよう。

x軸はどこに設定してもいいのだが、まあ、円柱の中心軸に設定するのが素直だろう。

注12) ただし、1つの軸方向にしか足し合わせられないから、計算可能なもののカタチが単純化してしまうことは否めない。例えば球くらい単純な図形なら頑張れば面積分を使わずとも表面積を求められるが、一般には「展開図が描けないような立体の表面積」では面積分が必要になる。

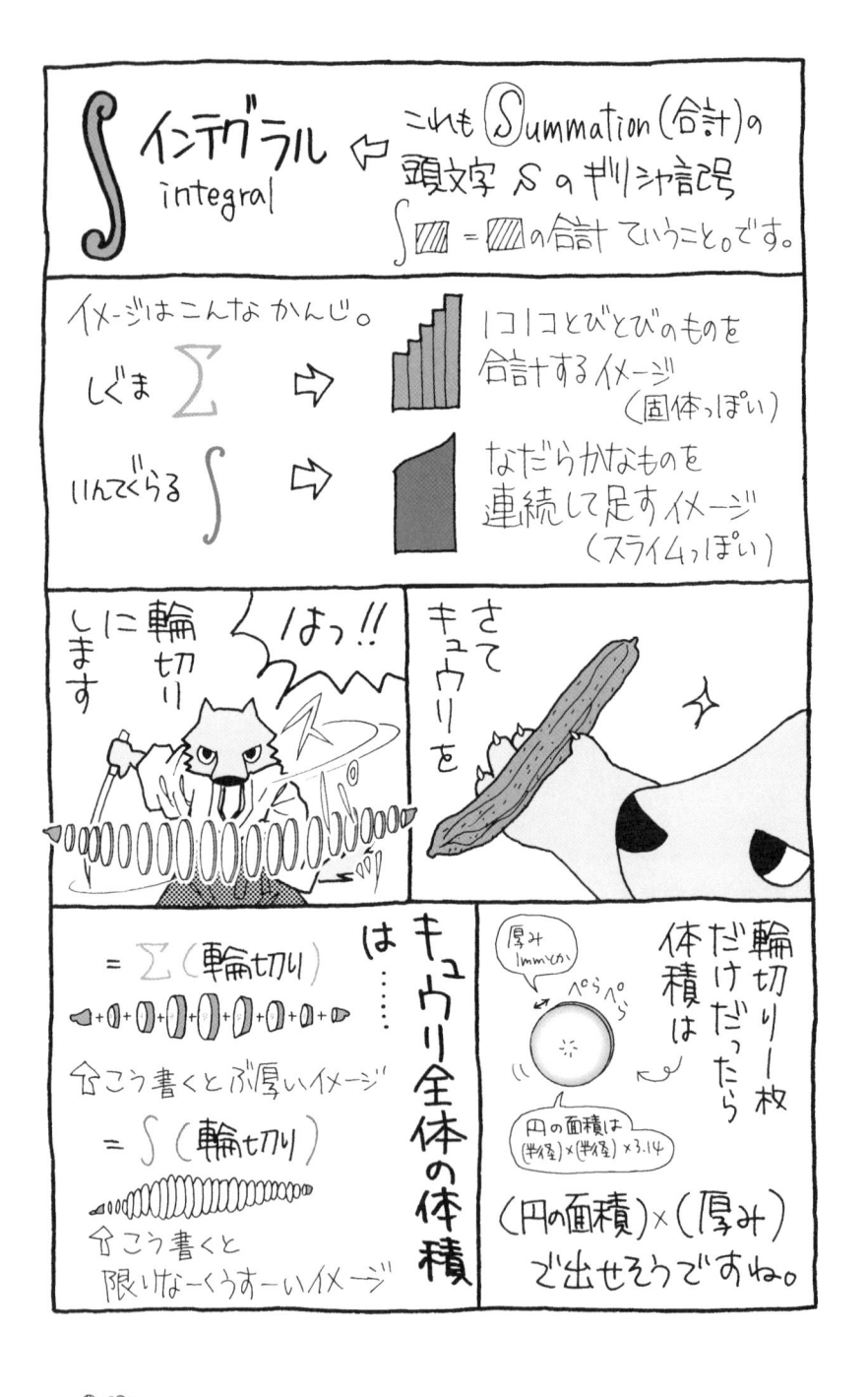

∫ **インテグラル** integral ← これも **Summation(合計)** の頭文字 S のギリシャ記号 ∫▨ = ▨の合計 ていうこと。です。

イメージはこんなかんじ。

しぐま Σ ⇒ 1コ1コとびとびのものを合計するイメージ（固体っぽい）

いんてぐらる ∫ ⇒ なだらかなものを連続して足すイメージ（スライムっぽい）

さてキュウリを…

に輪切りします　はっ!!

輪切り一枚だけだったら体積は

（厚み 1mmとか）ぺらぺら

円の面積は (半径)×(半径)×3.14

（円の面積）×（厚み）で出せそうですね。

キュウリ全体の体積は……

= Σ（輪切り）

↑こう書くとぶ厚いイメージ

= ∫（輪切り）

↑こう書くと限りなーくうすーいイメージ

Chapter 2　積分への翻訳

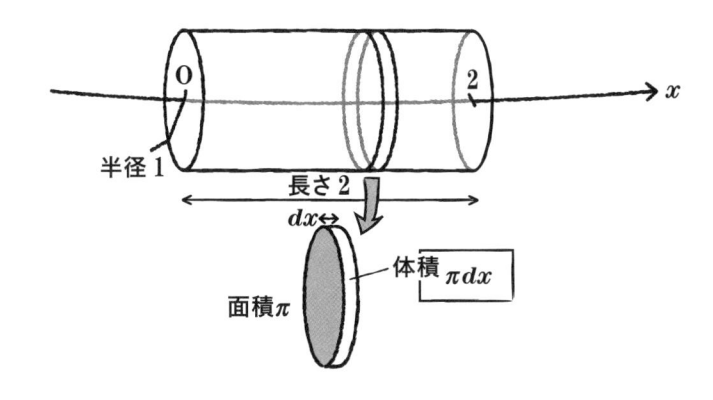

図：半径1、長さ2のキュウリ（円柱）を x 軸上に配置。0 から 2 まで。薄切りの幅 dx、面積 π、体積 πdx。

今までは積分記号 $\int$ の右下に足し合わせる範囲を書いていたが、今回は「どこからどこまで」を書くことにする。記号インテグラルは上下に「どこからどこまで」という、足し合わせの範囲を指定することができる。というか、便利なように、そういうふうに、決めたのだが。「α から β まで」なら、

$$\int_{\alpha(から)}^{\beta(まで)} (足すもの)$$

とすればよい。下が「〜から」で、上が「〜まで」なのが違和感あるかもしれないが、それは例えば「3 から 5 まで」の距離は 2 だが、2 を求めるには

$$\begin{array}{r} 5 \\ -3 \\ \hline 2 \end{array}$$

ほら、5 が上になるでしょ。こういうイメージなのだ。

さて、この場合、x 軸に対して垂直に薄く薄く切っていく。そしてその x 軸の「ちっちゃい幅」を dx と考える[注13]。このとき、キュウリの薄切りの体積は

$$(断面積) \times dx$$

注13）「とりあえず、そう思ってくれ」と書くのは何度目かだが、ここでもお願いだ。とりあえず、そう思ってくれ。

2.6　高校範囲の積分で面積や体積を求める

である。断面はもちろん半径 1 の円だから、その面積は π だ。ということは、キュウリの薄切りの体積は、

$$\pi dx$$

である。で、それを足し合わせれば全体の体積になるが、どこからどこまでかというと、「0 から 2 まで」だから、

$$\int_{x=0}^{x=2} \pi dx$$

となる。単に、

$$\int_0^2 \pi dx$$

でもいい。むしろ高校生としてはこちらが普通だ。高校生は軸が 1 本しかない。ここでは「dx」を出してきた以上、それだけで x 軸方向だと宣言したようなものなので、「$x=$」は省略しても意味が通じるのだね。ちなみに筆者はそのときの気分によって使い分けている(次ページのマンガも見よう)。

　さてこれがいくつになるのか。計算はあとまわしにしよう。なぜあとまわしにするかというと、

今は、意味が大事

ということを強調したいからだ。このように、

**式を作るまでは誰にでもできるし、
誰でもできなければいけない。**

この例では「素直に」中心に軸をとったが、筆者としてはヒネくれ者の方がどちらかというと好きである。それでは素直じゃなく軸をとるとどうなるだろうか。

ふつうの求め方 (底面積)×(高さ) だよネ!

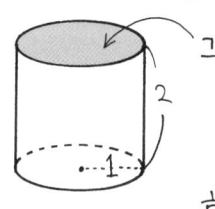

この円の面積は
半径 × 半径 × 3.14 (つーかπ) だから
$1 × 1 × π = π$
高さは 2 なので
$π × 2 = \underline{2π}$ が答えだ!

積分での求め方

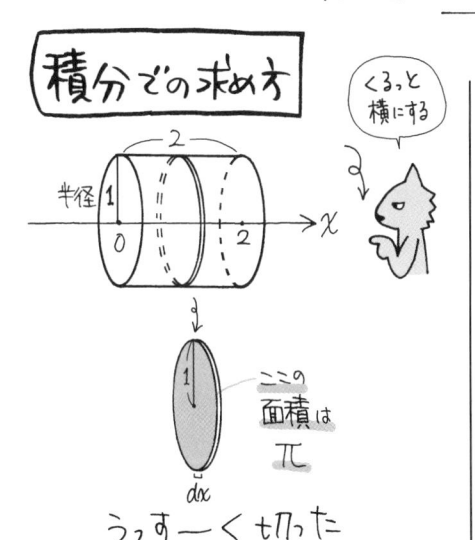

くるっと横にする

半径1、0から2まで、x軸

ここの面積は π

うっすーく切った
キュウリの輪切り
厚さ dx とすると
キュウリの薄切りの体積は
$\underline{πdx}$

体積が $πdx$ の
キュウリの薄切りが
0から2まで続いていて、
それが集まっているので

$$\rightarrow \int_0^2 πdx$$

と書けます

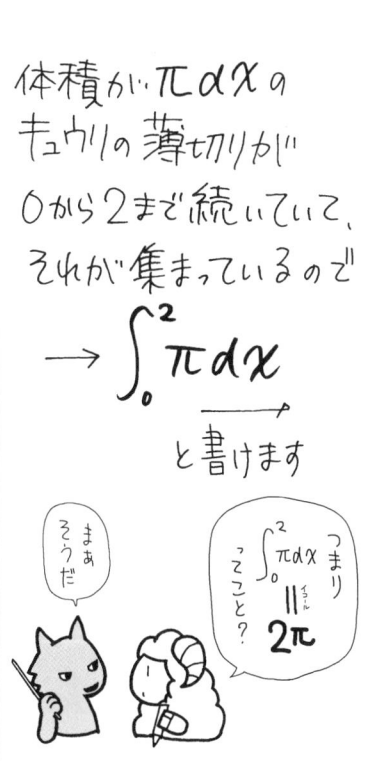

まぁそうだ

つまり $\int_0^2 πdx = 2π$ ってこと?

2.6 高校範囲の積分で面積や体積を求める

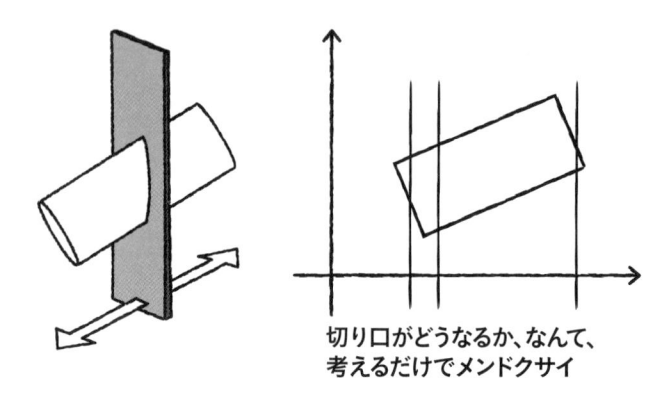

切り口がどうなるか、なんて、
考えるだけでメンドクサイ

　ちょっと考えただけでも、切断位置によっていろいろと場合を分けて考えなければならなそうだ。そもそも切り口がどうなるかを考えるだけで頭が痛い。イノシシのように計算地獄に突進する前に、ちょっと工夫してみよう。

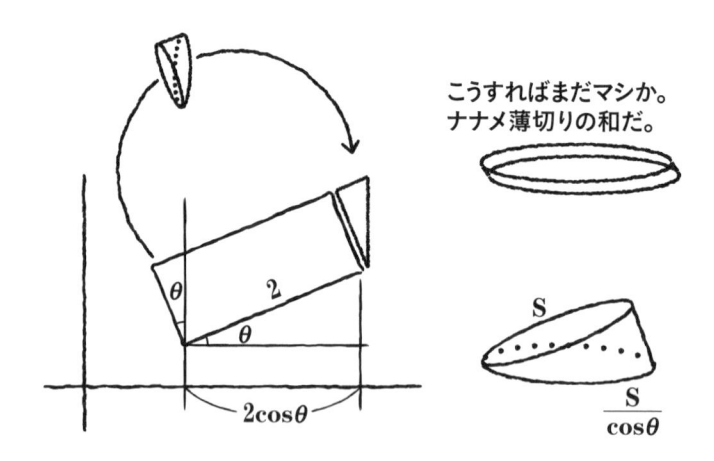

こうすればまだマシか。
ナナメ薄切りの和だ。

　このようにしてから計算すれば、少しはマシになるだろう。角度が θ だとすると、断面は楕円になる。短半径は円と同じで1、長半径は

　　　（長半径）$\times \cos\theta = 1$ ←円の半径

で、長半径は $\dfrac{1}{\cos\theta}$ となるから、

$$\text{断面積は } \frac{\pi}{\cos\theta}$$

となる。厚さはもちろん dx である。「どこからどこまでか」という言葉を数学っぽく言うと「積分区間は」となるが、積分区間は 0 から 2 までではない。ナナメになっている分だけ、積分区間としては短くなる。

$$0 \text{ から } 2\cos\theta \text{ まで}$$

である。というわけで、立式しよう。

$$\int_0^{2\cos\theta} \frac{\pi}{\cos\theta} dx$$

このようになる。同じ円柱を二通りで立式したわけだが、同じ立体の体積を計算しているのだから、見た目は違う式に見えても計算すれば同じ値が出るはずだ。計算法を知っているなら今すぐ、知らないならあとで出てきたときに、ぜひ自分で同じ値になることを確かめてみて欲しい。マヌケな測定法は計算がタイヘンだったり工夫が必要だったりして、ヘタをすると自分で問題を難しくして、解けなくしてしまうことが起こりうるわけだが、逆に考えれば、ちゃんと考えれば同じ結果が得られるよ、ということでもある。解くための方法が考えられるかどうか、と、実際に解けるかどうかは別問題だが、大学入試に出題されるような問題は

適当に式変形してたら解けました、なんてことはほぼあり得ない。

かならず「解くための道筋を考え、それを実行する」という2ステップを踏まなければならない。解くための道筋を考えることは簡単ではないが、本書のように考えていけば必ず理解できる。

では次は、面積を求める式を立ててみよう。

> 放物線 $y = x^2$ と直線 $x = 1$、$y = 0$ で囲まれる領域の面積を与える式を求めよ。

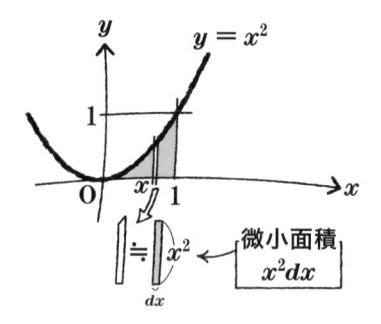

これも、「ある x」で、dx という幅に切ることを考える。今回は面積を求めようとしているので、キュウリの輪切りではなくて、「短冊[注14]」という感じだ。切り出した短冊の高さは（「ある x」での高さなのだから）、x^2 になるだろう。幅が dx だから、短冊の面積は

$$x^2 dx$$

である[注15]。おっと、ここで短冊が勝手に長方形と決めつけたような面積の式が出てきた。切ったものは微妙に

長方形じゃないじゃん

と言われそうだが、誤差の問題はあとで検討する[注16]として、ここは結論先取りで「端っこの多少のカタチのいびつさは無視して長方形とみなしてよいのだが、長方形の幅や高さはきちんと計算しなくちゃいけない」ということにしておいて欲しい。だから、短冊の面積はこれでいいのだ。

注14) 短冊って知ってる？ 七夕のとき、お願い事を書いた紙を笹につるすよね。その紙のことだよ。
注15)「短冊の面積」は、「微小面積」という用語を使えば数学っぽいが、ここではこのまま押し切る（笑）。
注16) 区分求積法（248 ページ）参照。

で、これを 0 から 1 まで足すのだから、「たくさん足し合わせる」は、記号「インテグラル $\int$」で、

$$\int_0^1 x^2 dx$$

と書けばよい。ハイおしまい。

🐾 🐾 🐾 🐾 🐾 🐾 🐾 🐾 🐾 🐾

「ある x」について考えて、それから、その x をある範囲で動かす、という 2 段階を踏んで考えるのがポイントだ。微妙に疑問が解決されていないかもしれないが、ちゃっちゃと次に進んで欲しい。次の問題はどうか。

> 関数 $y = 1 - x^2$ と関数 $y = x^2 - 1$ で囲まれた図形の面積を与える式を求めよ。

ある位置 x で、x 軸に垂直に切ったと考える[注17]。x 軸に垂直に切ったのなら幅は dx に決まり。その切り出した短冊は「長方形」とみなすよ。幅 dx の長方形の短冊の高さは y 座標の差だよね。だから $(1-x^2) - (x^2-1) = 2-2x^2$ とすればよい。というわけで、x の位置での短冊の面積は

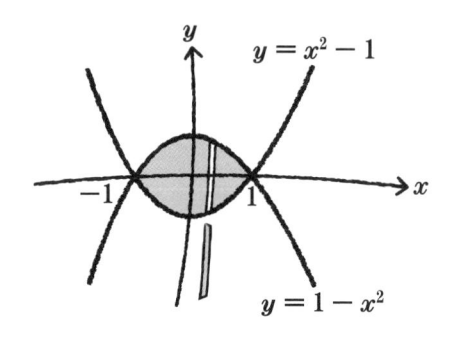

注 17) 垂直に切ってないときは、幅を dx にしてはいけないよ。

$$(2-2x^2)dx$$

となった。この短冊をたくさん足し合わせると求めたい面積になる。この場合は交点から交点まで足し合わせればいいから、-1 から 1 まで。すなわち、

$$\int_{-1}^{1}(2-2x^2)dx$$

とすればよい。

🐾🐾🐾🐾🐾🐾🐾🐾🐾🐾🐾🐾

　もっと自在に式を作れるようになるには、もっと練習が必要である。さらにいくつか練習してみよう。

$y = x(x-1)^2$ と x 軸で囲まれる領域の面積を与える式を立てよ。

幅は dx に決まり！
高さは $x(x-1)^2$
だから、短冊の面積は $x(x-1)^2 dx$
足し合わせると
$$\int_{0}^{1} x(x-1)^2 dx$$

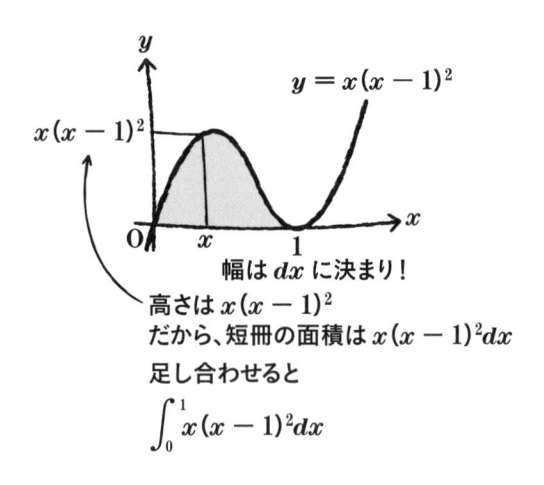

x のところの短冊を考える。

Chapter 2　積分への翻訳

幅は dx に決まり！

高さは y だよね。つまり、$x(x-1)^2$。よって短冊の面積（= 微小面積）は

$$x(x-1)^2 dx$$

これを 0 から 1 まで足せばオシマイ。よって、

$$\int_0^1 x(x-1)^2 dx$$

$y = f(x)$（ただし $f(x) > 0$）と $x = 3$、$x = 10$、$y = 0$ で囲まれる領域の面積を与える式を立てよ。

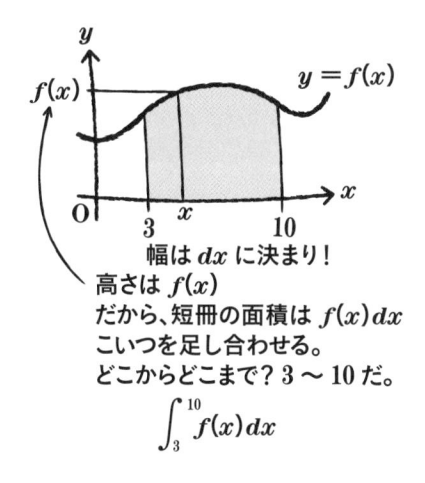

幅は dx に決まり！
高さは $f(x)$
だから、短冊の面積は $f(x)dx$
こいつを足し合わせる。
どこからどこまで？ 3 〜 10 だ。

$$\int_3^{10} f(x) dx$$

問題文中にある条件「$f(x) > 0$」ってな〜んだ？ 実は出題者の「親切」なのである。何が親切なのかわからない人には

幸せは、失ってはじめて気づくもの

という言葉をプレゼントしよう。よーするにまだ経験が足りない注18)

のだね。気にしなくていい。経験なんかこれからいくらでも積める。

とりあえず、x のところの短冊を考える。

幅は dx に決まり！

高さは、y だよね。つまり、$f(x)$。ここを難しく考えすぎないように。よって微小面積は

$$f(x)\,dx$$

これを 3 から 10 まで足せばオシマイ。よって、

$$\int_3^{10} f(x)\,dx$$

> $f(x) = x(x-2)(x-3)$ とするとき、$y = f(x)$ と x 軸で囲まれる領域の面積を求めよ。

前問のように $f(x) > 0$ などという「親切」は、この問題に関しては、ない。そうなるとどうなるのか。

めんどくさい

のである。前問の条件が「親切」に見えてきた？

とりあえずグラフを描いてみよう。求めたいのはあくまで「面積」である。$f(x)$ に x を入れて出てくるのは「座標」であって、「高さ」ではない。座標が正なら高さと同じだが、座標が負のときは符号を逆にしないと「高さ」にはならないのだ。そこで、座標が負になるときを別に考え、あとで足し合わせることにする。

注 18) 経験の不足は普通ならマイナス要素だが、「変なクセがついていない」と考えるととってもプラス要素。

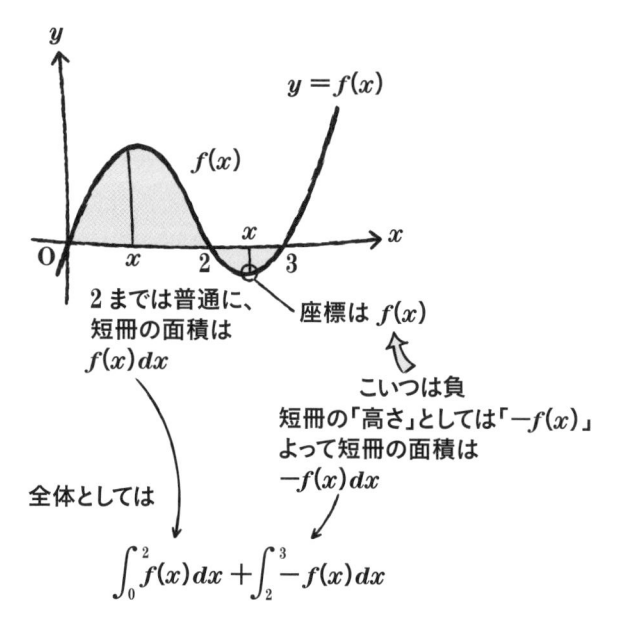

図中のテキスト:
- $y = f(x)$
- $f(x)$
- 2までは普通に、短冊の面積は $f(x)dx$
- 座標は $f(x)$
- こいつは負
- 短冊の「高さ」としては「$-f(x)$」
- よって短冊の面積は $-f(x)dx$
- 全体としては
$$\int_0^2 f(x)dx + \int_2^3 -f(x)dx$$

我々が求めたいのは「面積」で、$f(x)$ とは「座標」である。座標は負となることがある。考えれば当たり前のことばかりだ。これをうっかり「公式」として「覚えよう」と思ってしまうと、

頭がワカメになる

ことになっている。わかるわけがないのだ。初めは面倒に思うかもしれないが、グラフを描いて「ここでの短冊の面積は…」とつぶやきながら[注19]式を立てていくのである。数学の先生が黒板で解くときに、「ここは負になるから−」などと言いながら板書しているのを目にしたことがあると思うが、あれは

生徒に説明するためだけに、声に出しているわけではない。

自分のために声に出しているのである。そうしないと、すぐにワケがわからなくなってしまうのだ。プロでさえそうである。

注19) 本当につぶやく必要はないが。

言わんや、一般人をや。

練習の最後に、次の問題をやってみよう。

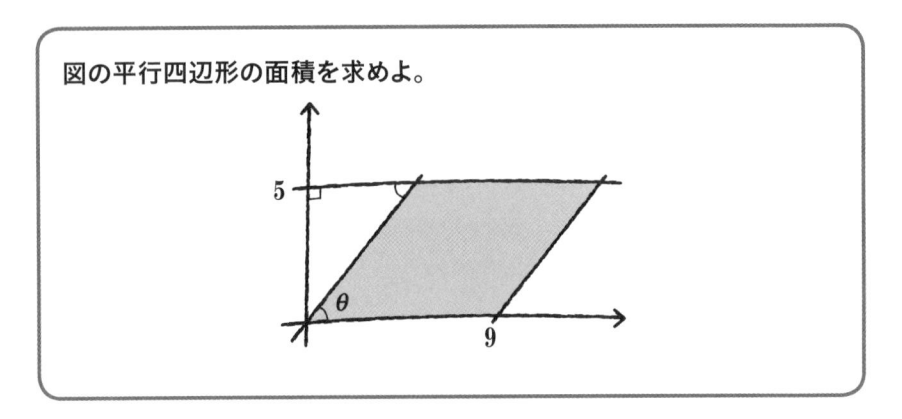

> 図の平行四辺形の面積を求めよ。

小学生にでもすぐわかる問題だが、きちんと積分の考え方で立式できるだろうか。

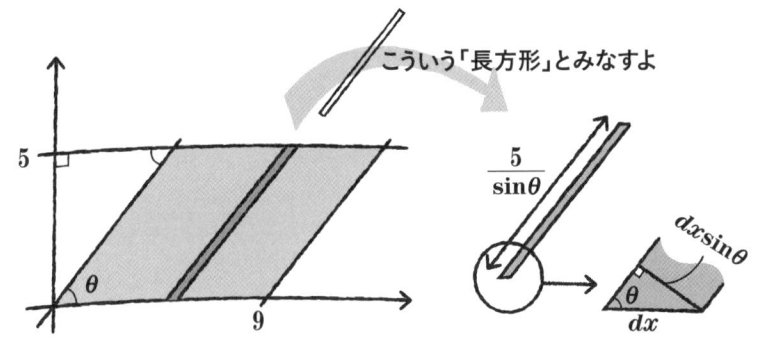

今までずっと「幅は dx」と宣言していたが、それは軸に垂直に切っていたからだ。軸の方向での小さい幅が dx なのであって、切った短冊の幅が dx というわけではない。つまらない手抜きをせず、きちんと短冊の面積を求めようとすることが大切である。もちろんこれも今まで同様垂直に切ってもいいのだが、あえてここでは垂直に切らない方法でやってみよう。まずは短冊を普通に平行四辺形と見る。このときは

$$（短冊の面積）= dx \times 5$$

でよい。「どこからどこまで」かというと、0 から 9 までだから

$$\int_0^9 5dx$$

とすればよい。ちなみに、「$dx \times 5$」を「$5dx$」と書き直したのは、なんとなく「$\int$ で始まり dx で終わるのが積分（っぽい）」からである。深い意味はないが、よくあることだ。

別の方法として、平行四辺形を長方形とみなして計算することもできる。ここでも「多少のカタチのいびつさは無視して長方形とみなしてよいのだが、幅や高さはきちんと計算する」という思想を使おう。長方形とみなすと、高さは $\dfrac{5}{\sin\theta}$ となる。幅は dx ではない。$dx \cdot \sin\theta$ である。よって短冊の面積は

$$（短冊の面積）= \frac{5}{\sin\theta} \cdot (dx \cdot \sin\theta)$$

となる。これに「どこからどこまで」という情報を加えれば

$$\int_0^9 5dx$$

となる。もちろん同じ結果が得られている。

Section 2.7
誤差の問題

これまで無視していたが、誤差はどうなってしまうのだろう。

金閣寺やゴジラは「曲面」を持っている。これを直方体で近似したのだから、どんなに細かく切ったとしても、ハンパ部分は出るはずだ。

結論からいうと

誤差は考えなくていい

のだが、ならば、どの場合は考えなくてよくて、どの場面は考えなくてはいけないのか、という疑問を解決しないと、安心して積分できない。実はこの疑問の解決は、歴史的にはそれほどラクではなかった。小さい誤差が積もり積もるとどうなってしまうのか。積もった結果、山になるのか、無視していいのか。このあたりを調べるために「極限」の議論に話が行くのだ。ハッキリ言ってそれは簡単ではなかった[注20]。この問題を直接解決しようとする前に、大ざっぱな話はしておこう。

細かく切ったハンパ部分を1個の直方体として数えることに決めれば当然実際の体積よりも大きく測定されるし、数えないことに決めれば実際の体積よりも小さく測定されるだろう。これを不等式を使って表現すると、

$$\text{数えない場合} < \text{正しい体積} < \text{数えた場合}$$

注20) 高校数学では、まあだいたい、常識の範囲でものを考えればいい。う〜ん、ラクだ。大学の数学では「じゃあ、どんな関数だったら誤差が積もって山になるのかな」→「そういう関数を求めましょう」となって、奇妙なものが出てくる（笑）。

のようになる。これはどんなに分割を細かくしても成り立つはずである。

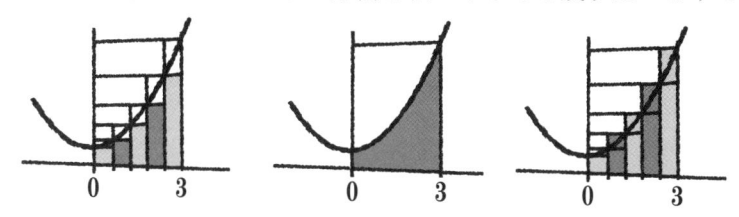

ここで、数えない場合と数えた場合をそれぞれ式で表して分割を細かくしていくことを考える。分割を細かくすれば、それぞれ正しい体積に近づいていくのは想像できると思うが、究極的に細かくした場合、すなわち、分割数 n を ∞ に近づけたときに、もし、

数えた場合と数えない場合が、同じ結果になったら

どう解釈すればいいだろうか。さきの大小関係は、どんなに分割を細かくしても変わらないはずなのだから、

正しい体積が、それだ

と考えるのが妥当だろう。これを「はさみうち原理」という。なんかもっとカッコイイ訳語はなかったものか、という感じもするが、まあでもわかりやすくて筆者は好きだ。この「はさみうち原理」は高校数学の範囲では「定理」でも「定義」でもなく「原理」と書かれる。これはいったい何なのか。本書で「ここはとりあえず、そーゆーことにしておいて下さい」という嘆願が何度かあったと思うが、この嘆願を教科書的に偉そうに表現したものがこの「原理」という言い方で、逆に言えば、この原理はいつか原理でなくなる日が来る。つまり、実はここが

別のダンジョン[注21)] への入口

なのである。ただし今はまだ鍵がかかっている[注22)]。こんな強い敵のウ

注21) 洞窟。迷宮。勇者が新たな敵を求めて戦いに行くところだ。
注22) 本書ではこの鍵はかけたままにしておくつもりだ。詳しくやりたい人は、「位相」あたりの数学分野を深く追究してもらいたい。いずれにせよ、無限と有限の境界線は謎だらけだ。

> どうくつ
>
> お前ちゃんと街で全員に話しかけただろーな
> パフパフばっかしてんじゃねーぞ
>
> あれー
> おかしいなー
> 何のフラグが足りなかったんだー

　ジャウジャいるダンジョンを探検するにはまだ装備が足りないので、本書ではここを探求するのはあっさりやめて、この原理を認めることにする。

　はさみうち原理を認めたとしても、積分の計算を直接実行するのは

結構タイヘン

である。数列やΣや極限といった知識を総動員する必要があるからだ。めんどくさいから本書では触れないことにしようかと思ったが、よく見ると教科書に「区分求積法」が載っていたり載っていなかったりする。そっかー、本書で区分求積法を解説する必要があるのかー。まあ仕方ない、道具が揃ったら挑戦してみよう[注23]。

　さて、ここまでで積分はとりあえず一区切りにしよう。お疲れさま。今のところできることは、積分の立式。保留になっていることは、積分の計算だ。「はさみうち原理」はいずれまたやることになる。

注23) 248ページ。

ワナビブ n コマ劇場（n は自然数）

積分の基本的な考え方

もう読者のみなさんは、ゴジラの体積を

$$\int_{ゴジラ} dv$$

と、サクッと書けるようになったと思うけれど、これは

簡単なことではない。

これができるだけで、積分に関して、数学的にかなり進歩したといえる。自信をもって欲しい。このように、∫記号を使って体積を書き直すことは、単に記号の問題ではなく、数学的に

いったん、細かく切り刻んで、それを足しあわせる

という作業をしたことになる。

これだけで、そんな意味をあらわすの？

と疑問に思う人もいるだろう。

あらわすのである。

ある日本語を数式で表現すること（筆者は「日本語から数学語への翻訳」という言い方が好きだが）は、数学を利用して問題を解決するための第一歩である。数学の試験では数学を使うと相場が決まっているから数学を使おうとする（し、数学を使わないと解けない問題が出る）が、日常生活で数学を道具として使えるかどうかは、この「日本語から数学語へ

の翻訳がどれだけスムーズにいくか」にかかっている。日常生活で数学を使う場面は、結構ないようで、実はある。しかし、翻訳の訓練が甘いと、問題が見つけられず数学は使われないまま「数学かー。昔はできたけどねー」ということになる。

さてここで、皆さんには「積分の基本的な考え方」の他にもうひとつ、重要なことを学んでもらいたい。それは、$\int_{\text{ゴジラ}} dv$ という式に「刻んで集めて」という

積分の基本的な考え方が込められている

という事実そのものである。式に「考えが込められている」などという言い方に馴染みがない人にも、きっと今ならその気持ちがわかってもらえるだろう。

詩や小説の一文に、ときに「すごく深い意味」が込められていることがあるように、数学でも「深い意味の込められた式」というものが存在するのである。教科書は感情を平坦に書いてあるため、「込められた思い」に気づかずに終わる人も多かったりするのだが、

作者の「込められた思い」を知ることこそが面白さ

ではないだろうか。これは数学だろうが文学だろうが同じだろう。このあと本書でもいくつか「深い意味を持った式」が登場するので、ぜひお楽しみにしていてもらいたい。

はじめに言葉ありき。
言葉は神とともにあり。
言葉は神であった。
ヨハネの福音書 第一章第一節より
おばけ
愛
魂
国境
世間体
ヒソヒソ
「ことば」を作ったことにより、それが「認識」されて この世に存在する ことになります。
「それ」のために死ぬ人だって出てくるのです
お国のために
いってきます
たとえそれが本当は存在しないものであっても
愛などいらぬーっ
で、これの「面積」を表せって言うのだって
それこそ
めんせき
でもOKだし
S♡
でもOKだし
これのひろさ
でも表現できてますよね
メートル法で表せ！って言われたら きちんと測って
35cm²
……ってなりますけど

Chapter3
テスト前の微分講義

この章では、

> 関数 f と g を x でビブンするとしよう。
> (1) (定数) のビブンは 0
> (2) x のビブンは 1
> (3) 関数 f をビブンしたのを f' とか $\frac{df}{dx}$ とか書く
> (4) $(f+g)' = f' + g'$
> (5) $(fg)' = fg' + f'g$
> (6) $\{f(g)\}' = f'(g) \cdot g'$

という ~~有名な呪文~~ 公式 を使って、

モンスター (よくある微分のテスト問題) を倒すテクニックをお教えします。

コレは文科省様の教科書にものってるねー

うっしっし

うるせえ あたりめーだろ バカにしてんのか

Section 3.1
たぬきの暗号文

　微分についてはその意味についてあーだこーだと考える前に、とりあえずできるようになっておこう！

　なぞなぞです。たぬきの暗号「あたす、ひるた、たたあえたる？」はどういう意味だ？　まあ、「た」を抜いて答えればいいから、「明日、昼、会える？」となるかしら。もとの文に適当に「た」を挿入して暗号化する。もとに戻すには「た」を抜けばいい。当たり前だ。ただ、この暗号化だと、「た」を含む文を伝達できない。そこでちょっと改良して、次のような暗号化を考える。ルールは、

・す → たす
・た → たた

これだけってことにしよう。

　それでは「くりすますはかれとれすとらん」を暗号化してみる。どうなるか。

　　　　くりたすまたすはかれとれたすとらん

もう一度暗号化してみよう。

　　　　くりたたたすまたたたすはかれとれたたたすとらん

こうなる。では、これをもとに戻す。もとに戻すには基本的に

- たた → た
- たす → す

でよいが、「たたす」のようなものは、どちらのルールを適用してよいか困る。そこで、ルールをもうひとつつけ加えて、

- たた → た
- たす → す
- 前から順に、変換する

とすればよい。これなら、

くりたすまたすはかれとれたすとらん

に戻り、さらにもう一度作用すると、

くりすますはかれとれすとらん

と完全にもとに戻る。

　このような暗号は、ルールを間違えずにキッチリと適用していけば誰にでもできる。逆にどこかで自分勝手なルールの適用を行えば、「もとに戻るはずがない文」ができあがる。

Section 3.2
普通は、微分は必ずできる

　なぜこんな例を出したかというと、このような少ないルールをキッチリと適用するのが、「微分」という作業だからである。上記の暗号化ができない人には微分は無理だが、そうでない人は必ずできる。そんなわけで、微分は基本的には、

できない方がおかしい

性質のものである。ごく少数のルールを順に適用していくだけのことなのだが、邪念が入ると間違えてしまう。では邪念を入れないためにはどうするか。

練習により、体で覚える。

これである。練習は何事も、やみくもにやればいいというものではない。バスケットボールを例に考えよう。誰にだって時間は有限であるから、とりあえず6年間練習できるとすると、6年で最も上達する方法を考えなければならない。このとき、バスケにはいろいろなテクニックがあるが、大きく2つに分けて考えることができる。それは、

(1) 地道に練習しないと習得できない技術
(2) やり方をきけば、すぐにできるようになる技術

である。自分の経験からしても、(2) に時間を大量に投資してしまうミスはやりがちだ。オリジナルの技を苦労してやっと編み出したと思ったら、よく見ると入門書に紹介されていた、みたいな。こういうことを、

車輪の再発明

という。偉いかもしれないが、また、時として必要かもしれないが、多くの場合は無駄である。その分の時間はやはり、本当に練習を必要とする技術に対して投資すべきだろう。はじめの能力が同じならば、有限の練習時間の分配方法によって最終的な到達地点が変わってくる。だからスポーツの記録は伸び続けるのだ。今でこそ標準的な技だが、かつては世界でただ一人しかできない技だった、ということはよくある。それは現代の選手の運動能力が向上したことよりも

その技に至る、最短距離で練習できるから

ということが第一の理由だろう。はじめにその技を編み出した選手の、紆余曲折した分の苦労を別に回せるから、さらに上を目指せるのである。自分が先駆者ならともかくおよそいろいろなことに先達はいる。ならば

どこにエネルギーを投資するか

をよく考えること、これが限られた時間でのし上がるための方法である。練習によって「体で覚えた」技は、いちいち手足の動きを意識することなく、ほとんど無意識に出すことができる。この状態は、実は大脳ではなくて小脳に記憶されている[注1]のだ。この状態になると、およそ苦労もしない上にミスらない。一度自転車に乗れるようになったら、二度と乗れない頃の苦労をしないのも同じである。そして、微分に関しては、

ここが練習のしどころ

である。機械的にできるように、小脳に手順をたたき込むことが大事なのだ。努力をしているのに数学ができない、という人の多くは、こういうところに時間を投資していない。繰り返すが、

微分のルールは練習によって、小脳で覚える！

これをぜひ実践してもらいたい。

注1) 厳密には大脳ももちろん関与しているが。

Section 3.3
微分のルール

微分のルールは以下のものである。文字にすると少しややこしい気がするので、ここではとりあえず読み流して欲しい。というか、

必ず読み流して欲しい。

こういう一覧表は、あとで読み直すためにあるのだ。

微分のルール

f、g を x の関数とし、x で微分するとする。
(1) （定数）$\Rightarrow 0$
(2) $x \Rightarrow 1$
(3) 関数 $f \Rightarrow \dfrac{df}{dx}$（$f'$ とも書く）
(4) $f + g \Rightarrow f' + g'$
(5) $fg \Rightarrow fg' + f'g$
(6) $f(g) \Rightarrow f'(g) \cdot g'$

これらは、掛け算における「足し算」と思っておいて欲しい。我々が掛け算をするときには「九九」を覚えているから素早く計算できるわけだが、何事も

ど忘れ

することは有り得る。そんなときは「足し算」で適当に九九を作り出せばいい。それと同様に、実際問題として、微分を計算するときに、一からこのルールでやっていたら日が暮れてしまうけれども、こいつらは

基礎中の基礎

にあたるルールなのである。うっかり「これ、覚えろよ」と言ってしまいそうになるが、筆者は

「基礎は、応用の応用」

を信条としているので、そんなことは言わない。だいたいこんなもの、意識して練習していれば、すぐに身につく。覚えるものではなくて、覚えちゃうものである。逆に「覚えよう」と努力したところで、練習していなければすぐ記憶の海の底に沈む。人間の記憶とはそういうものだ。だから、受験生のくせに覚えていないというのは、記憶力が悪いんじゃなくて、

単なる練習不足

なのである。

Section 3.4
記号の読み方

数学の記号の読み方は、実は大事である。なぜなら

数学は言語だから

だ。人間の脳は物事を「言葉」として記憶する。もちろん「映像」も記憶できるのだけれども、「言葉」になっていないものは

どこかに行ってしまいがち

なのだ。だいたい数学の記号なんかを「映像」として記憶していたら脳の記憶容量が足りるわけがない。ホームページを全部画像ファイルで作る[注2]ようなまねをしてはいけない。だから言葉にするのだ。そして、読めないものは、覚えられない。どうせ言葉にするのなら、正確に読んでおかないと、

イザというとき、恥ずかしい思いをする

危険がある。どうでもいいことのようで、これは意外に

モチベーションに影響する

ので筆者としても見逃せない。

注2) 文字で出せばどうということのない情報量の発表を、「Word 文書をプリントアウトして、それをスキャンして PDF にしたもの」を Web に出すなんておそろしいムダとしか言いようがない。お役所はよくそういうことをする。

微分記号は何種類かあって、高校の範囲だけでも2種類登場する。さきの「微分のルール」の（3）に「f' とも書く」とあるのがそれだ。なぜ同じことを言うのに何種類もあるかというと、

記号に一長一短があるから

である。まあそりゃそうだろう。聞けば「なるほど」でしょ。

「関数 y を x で微分したもの」あるいは「関数 $f(x)$ を x で微分したもの」は次のような記号で表現する。

$$y', \ f'(x) \qquad \text{：ラグランジュ先生流}$$

$$\frac{dy}{dx}, \ \frac{df(x)}{dx}, \ \frac{d}{dx}f(x) \text{：ライプニッツ先生流}$$

これは、アルファベットのようなもので、そういうふうに書くと定義したのだから、なぜそう書くかに理由などない。で、これは覚えるしかない。

ラグランジュ先生の記号は簡単で書きやすいが、どの変数で微分しているのかは省略されている。どの変数で微分しているのか明らかな場合には簡単に書けて便利だが、明らかでない場合（具体的には、式の中に変数が何種類も登場しているような場合）には使わない。ライプニッツ先生の書き方は、どの変数で微分しているのかは明確だが、ハッキリ言って、書くのがめんどくさい。なお、y', $f'(x)$ は「わいダッシュ」とか「えふダッシュえっくす」「えふダッシュ」などと読めばいい。「$'$」は「プライム」とも読むので、「えふプライム」でもいい。ただ、高校生が「プライム」なんて言うと、

ムム、こいつ何者だ!?

と思われるだろう（笑）。

$\frac{dy}{dx}$ は意味的には確かに「dx ぶんの dy」なのだが、そうやって読むとバカにされる。これは一つの記号とみなして「でぃーわい、でぃーえ

3.4 記号の読み方　067

っくす」と読む。なぜかというと、理由などなさそうである[注3]。

いわゆる業界用語

だと思っていただきたい。業界用語を使うと、その道の「通」になったような気がするものなので、読者の皆さんも積極的に背伸びをしてみよう。

　ではいくつかていねいにやってみよう。ルールの適用の仕方をよくマスターして欲しい。

注3)「英語読み」なのだが、なぜこの場面だけよりによって英語読みを持ち出すのか、ということに理由はないと言っているのよ。

Section 3.5
いろいろな関数の微分

x^2 の微分

先のルールを使って、早速微分してみることにしよう。まずは x^2 の微分だ。

> 関数 $y = x^2$ を x で微分せよ。

まず基本的なことだが、微分は

必ず、両辺を微分する

ことが重要である。当たり前すぎてバカバカしいが、なんでこんなことを注意しなくちゃならないかというと、ハッキリ言って教科書のせいだ。教科書はその辺の記述が非常に曖昧なのである。

そういうことは強調しないくせに、いらん公式ばっかり強調する

から腹立たしいが、とにかく、微分演算子[注4]は必ず両辺に作用しなければならない。例えば、$3+5=8$ の「＝」に注目してもらいたい。両辺の平方根をとれば

$$\sqrt{3+5} = \sqrt{8}$$

注4)「演算子」とは演算することを表す記号で、例えば $+$ $-$ $\times$ $\div$。微分演算子とはもちろん「′」もしくは $\dfrac{d}{dx}$(x で微分する場合)。

となり、イコールはそのままだ。ところが、片方だけ平方根をとったら、

$$\sqrt{3+5} \ ? \ 8$$

で、イコールが成立するかどうかわからなくなる[注5]。「イコール」というのは、「同じ」ということで、

同じモノに同じコトをしても、反応は同じだろう

という理論を使っている。逆に言えば、

同じモノに、違うことをしたら、どうなるか全然わからない

ということでもある。当たり前だ。当たり前すぎる。だから、微分の場合にも、必ず両辺を微分するのだ。

では、左辺を微分しよう。左辺は y だ。y は x の関数だ。だったら、ルールにあるとおり、

$$\frac{dy}{dx}$$

でよい。左辺はオシマイ。次は右辺。

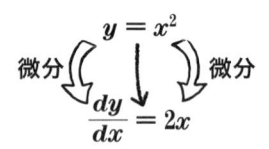

$$微分 \begin{cases} y = x^2 \\ \frac{dy}{dx} = 2x \end{cases} 微分$$

右辺は x^2 である。こいつはルールにない。勘違いしないで欲しいが、x と x^2 は違う。ではどうするか。x^2 は $x \times x$ と考えて、

$$f \cdot g \Rightarrow fg' + f'g$$

というルールを使う。この場合、f も g も x だから、

注5) イコールがたまたま成立する場合もあるだろう。$3-2=1$ だったら、片方だけ平方根をとっても等号は成立する。しかし、そんなくだらないことを追究してもしょうがない。必ず成立する、なら嬉しいが、たまに成立する、はあまり嬉しくないのだ。

$$(x \cdot x)' = x \cdot (x)' + (x)' \cdot x$$

となる。$(x)'$ はルールにある。x の微分は 1 だ[注6]。ということは、

$$(x \cdot x)' = x \cdot 1 + 1 \cdot x$$

となり、結局、

$$(x^2)' = 2x$$

となる。これは「右辺」だよ。だから答えは、

$$\frac{dy}{dx} = 2x$$

である。めんどくさいと思った人が多いと思うが、でももう少し練習する。

x^3 の微分

今度は x^3 の微分だ。

> 関数 $y = x^3$ を x で微分せよ。

両辺を微分することが大事だが、左辺は前問でやったとおり

$$\frac{dy}{dx}$$

である。別に y' と書いてもいい。趣味の問題だ。右辺はというと、前問同様ルールにないので、ちょっと考えなければならない。まあ、

$$x^3 = x \cdot x^2$$

と考えればいいだろう。そうするとやはり、$f \cdot g \Rightarrow fg' + f'g$ というル

注6) 使うのは「$x \Rightarrow 1$」だよ。

ールを使って、

$$(x^3)' = x \cdot (x^2)' + (x)' \cdot x^2$$

である。ここで、

f が x で、g が x^2 で…、などと考えないよーに！

前問では初めてだからそうやったが、実用上、そんなことやってたらまるで使い物にならない。掛け算での微分は、次の図のように、「ああやって、こうやって」と言いながらやるようにすること。

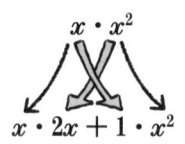

$$\begin{array}{c} x \cdot x^2 \\ \diagdown\!\!\!\!\diagup \\ x \cdot 2x + 1 \cdot x^2 \end{array} \quad \boxed{\downarrow \text{そのまま} \quad \Downarrow \text{微分}}$$

前問で $(x^2)' = 2x$ がわかっているので、それを使おう。過去の資産を有効活用する姿勢が大事である。そうすると

$$(x^3)' = x \cdot 2x + 1 \cdot x^2$$

となるので、結局、

$$(x^3)' = 3x^2$$

を得る。答えとしては、

$$\frac{dy}{dx} = 3x^2$$

である。

x^5 の微分

今度は x^5 の微分だ。

> 関数 $f(x) = x^5$ を x で微分せよ。

両辺を微分することが大事だが、今度は文字を f にしてみた。別になにも変わらないのだが、

ずーっと同じ文字だと、何も考えずに $y' =$ と書き始めるサルがいる

ので、たまには文字を変えてみたのさ。

左辺は前問でやったとおり

$$\frac{df(x)}{dx}$$

である。$f(x)$ のようなものは、

$$\frac{d}{dx}f(x)$$

と書いた方がカッコいいかもしれない。もちろん $f'(x)$ でもいい。$f(x)$ の「(x)」は「f は、わかってると思うけど、x の関数だよ」と「あなたが間違えないようにわざわざ出題者が書いてくれた注釈」でしかないので、そんな親切は余計なお世話だ、という人は、そんなもの無視して、

$$f' \quad \text{または} \quad \frac{df}{dx}$$

と書いても構わない。見栄えの問題なのでどうでもいいとはいえ、せめて努力はして欲しい。洋服のセンスが「ない」のは仕方がないが、「努力が見えない」と彼女に怒られる。だから見栄えの問題も実は重要である。答案の見栄えが悪いと、採点官にナメられる。慣れないウチは見栄えにこだわる必要はないが、心がけと経験で見栄えのセンスは上がっていくし、そのセンスは「数学のセンス」にも通じるものだ。心がけを忘れないようにしよう。

で、次は右辺である。x^5 の場合はいろいろな考え方があるだろう。例えば、

3.5 いろいろな関数の微分

$$x^5 = x^2 \cdot x^3$$

と考えると、

$$(x^5)' = x^2 \cdot (x^3)' + (x^2)' \cdot x^3$$

で、$(x^3)'$ と $(x^2)'$ はもう求められているから、

$$\begin{aligned}(x^5)' &= x^2 \cdot 3x^2 + 2x \cdot x^3 \\ &= 5x^4\end{aligned}$$

となり、

$$\frac{d}{dx}f(x) = 5x^4$$

を得る。

x^6 の微分

関数 $h(x) = x^6$ を x で微分せよ。

左辺は今度は h にしてみたよ。で、微分すると

$$\frac{d}{dx}h(x)$$

である。

右辺の x^6 は、これまたいろいろな考え方があるが、今度は 2 通りでやってみよう。まずは、

$$x^6 = x^3 \cdot x^3$$

と考えて、

$$(x^6)' = x^3 \cdot (x^3)' + (x^3)' \cdot x^3$$

で、$(x^3)'$ はもう求められているから、

$$(x^6)' = x^3 \cdot 3x^2 + 3x^2 \cdot x^3$$
$$= 6x^5$$

とすればよい。よって、$h'(x) = 6x^5$ である。

もう一つの解釈としては、

$$x^6 = (x^3)^2$$

と考えることである。このように考えたうえで、

$$f(g) \Rightarrow f'(g) \cdot g'$$

というルールを使う。このルールは「合成関数の微分」と呼ばれるものである。$f(g)$ の意味がわからない人もいるだろうが[注7]、これは、

ある関数に、ある関数をブチ込んだ

という意味である。具体例で考えよう。$f(x) = x^2$ とすると、この $f(x)$ に「たぬき」を入れたら、

$$f(たぬき) = (たぬき)^2$$

になるはずだ。$(たぬき)^2$ には意味がないし、それ以降、式を変形することはできないが、とにかく、$f(x)$ に「たぬきを入れる」というのはこういうことだ。それでは $f(x)$ に x^3 を入れたらどうなるか。

$$f(x^3) = (x^3)^2$$

になるでしょ。$(たぬき)^2$ と違って $(x^3)^2$ は x^6 に変形できる。つまり、

x^6 を「$f(x) = x^2$ という関数に、x^3 をブチ込んだんだなあ」

と見ることができるのである。なぜそんなふうに見るのか、ムダじゃな

注7) 昔の私だ…（笑）。懐かしいねえ。

3.5 いろいろな関数の微分

いか、と思うかもしれないが、

あえてそうするところに、技があり、活路があるのだ。

ではルールの方を見てみよう。ある関数 f に g をブチ込んだものを微分すると、

f' に g をブチ込んだもの、掛ける、g'

となっている。ややこしいが、ややこしさに負けないで、キッチリと実行してみよう。

$f(x) = 2x$ なら……
$f(🍎) = 2🍎$ つまり f はりんごを2コにするマジック
$f(🍙) = 2🍙$ つまり f はおむすびを2コにする魔術

　↑
ここに何をぶっ込んでも同じだ！

今は、f が x^2、g が x^3 である。f' というのは、$f(x) = x^2$ なんだから、$f'(x) = 2x$ だ。それに g を入れるんだから、$f'(x^3) = 2x^3$ になる。さらに、$g'(x) = 3x^2$ で、これを掛けるから、

$$f'(x^3) \cdot g'(x) = 2x^3 \cdot 3x^2 = \underline{6x^5}$$

となり、ちゃんと $6x^5$ が出てきた。これはつまりどういうことかというと、

x^6 を $x^3 \times x^3$ と見ても、$(x^3)^2$ と見ても同じ結果が得られる

ことを意味する。だから、自分の好きなように見ていいのだ。使えるルールのうち、好きなものを使えばいいのである。

$(2x+1)^2$ の微分①

関数 $h(x) = (2x+1)^2$ を x で微分せよ。

右辺を展開すると、$4x^2 + 4x + 1$ である。これを微分するために

$$f + g \Rightarrow f' + g'$$

というルールを使う。このルールは、もっとも単純だ。よーするに、足し算は個別に微分してやればいいということだから、

$$(4x^2 + 4x + 1)' = (4x^2)' + (4x)' + (1)'$$

で、最後の $(1)'$ は定数の微分だからゼロだ。$4x^2$ の微分は $4x^2 = x^2 + x^2 + x^2 + x^2$ と考えると、さきの「足し算は個別に微分してやればいい」というルールを使って

$$(4x^2)' = (x^2)' + (x^2)' + (x^2)' + (x^2)'$$
$$= 2x + 2x + 2x + 2x = 8x$$

となる。$4x^2$ を $4 \times x^2$ と考えてもよく、この場合は $f \cdot g$ の微分が $fg' + f'g$ となるルールを使って、

$$(4x^2)' = 4 \cdot (x^2)' + (4)' \cdot x^2$$

でもよい。今回は $4x^2$ を定数「4」と関数「x^2」の積と見てルールどおりバラしたけれど、定数の微分はゼロになるから、慣れたらわざわざ $(4)' \cdot x^2$ などと書く必要はない。慣れないうちは、ちゃんとルールどおりバラせばいい。大丈夫、すぐに慣れる。とにかく、

$$(4x^2)' = 4 \cdot (x^2)' = 8x$$

になる。

3.5 いろいろな関数の微分

同様にして、$(4x)' = 4$ になるから、結局、

$$(4x^2 + 4x + 1)' = 8x + 4$$

となり、

$$\frac{d}{dx}h(x) = 8x + 4$$

を得る。

$(2x+1)^2$ の微分 ②

> 関数 $h(x) = (2x+1)^2$ を x で微分せよ。

同じ問題を別のやり方でやってみる。右辺の $(2x+1)^2$ を「$(2x+1)$ の 2 乗」と読んで、合成関数の微分

$$f(g) \Rightarrow f'(g) \cdot g'$$

を使う。これもさっきは説明の都合上「これが f で、あれが g で…」と公式にあてはめたが、

公式あてはめ方式には未来がない

のでやめるよーに。この公式は「内側」と「外側」で考える。内側が $2x+1$、外側が 2 乗、と考えて、

外側の微分、掛ける、内側の微分

と思いながらやる。外側の微分は

$$\{(\Box)^2\}' = 2\Box$$

今は □ は $2x+1$ である。内側 $2x+1$ の微分は「2」。つまり、

$$\{(2x+1)^2\}' = 2(2x+1) \cdot 2$$

となり、展開して解いた場合と同じ結果が得られる。この程度ならわざわざ合成関数の微分を使う必要もないだろう。展開しようがしまいが好みの問題だ。合成関数の微分を使って嬉しいのは、次の問題である。

$(2x+1)^6$ の微分

> 関数 $p(x) = (2x+1)^6$ を x で微分せよ。

今度は左辺を p にしてみたよ。もちろん、左辺の微分は

$$\frac{d}{dx}p(x)$$

だ。右辺は今回は 6 乗だから、展開するのは面倒だよねぇ。こういう式こそ、「合成関数の微分」が役に立つ。

中身が $2x+1$、外側が 6 乗、と考えて、

外側の微分、掛ける、内側の微分

を使う。外側の微分は

$$\{(\Box)^6\}' = 6\Box^5$$

だったはずだ。今は $\Box$ は $2x+1$ で、$2x+1$ の微分は「2」。つまり、

$$\{(2x+1)^6\}' = 6(2x+1)^5 \cdot 2$$

となる。つまり、

$$\frac{d}{dx}p(x) = 12(2x+1)^5$$

を得る。展開してから微分しても同じ結果になるはずなので、元気な人

はやってみよう。

$3x + y - 2 = 0$ の微分

$3x + y - 2 = 0$ を x で微分せよ。

こんなのは、いったん

$$y = -3x + 2$$

と変形すればごく普通の問題だが、変形しないでやるのがポイントである。

まず、左辺について。左辺は「＋」でつながれているので、それぞれに微分すればいい。

$$(3x + y - 2)' = (3x)' + (y)' + (-2)'$$

関数 y の微分は、ルールどおり y' である。だから、

$$(3x + y - 2)' = 3 + y'$$

右辺はもちろんゼロである。よって、

$$3 + y' = 0$$

となる。これを変形すれば $y' = -3$ で、もとの式を $y = -3x + 2$ と変形してから微分したものと同じ結果になる。

だったら別に、変形してからでもいーじゃん。

確かに、この問題に関してはどちらでもいい。では次の問題はどうか。

$x^2 + y^2 = 4$ の微分

$x^2 + y^2 = 4$ を x で微分せよ。

微分ルールの適用のまとめにピッタリの問題だ。y^2 は y じゃないからね。まず右辺はゼロ。これはいいでしょう。次、左辺。左辺は「＋」でつながっているので、まず、

$$(x^2 + y^2)' = (x^2)' + (y^2)'$$

ここで y^2 はどうすればいいのか。

関数 $\square^2$ に関数 y をブチ込んだ

と解釈して、外側の微分 × 内側の微分としよう。つまり、

$$(y^2)' = 2\square \cdot (\square)'$$

もちろん、$\square$ は y だから、$(y^2)' = 2y \cdot y'$ となる。したがって、

$$(x^2 + y^2)' = 2x + 2y \cdot y'$$

となるのだ。結局、$x^2 + y^2 = 4$ を x で微分すると、

$$2x + 2y \cdot y' = 0$$

となる[注8]。

注8) 両辺を 2 で割って、$x + y \cdot y' = 0$ と書くべきだろう。

ヘンな微分①

　ここで「ヘンな微分」について考えてみる。微分としてヘンなわけではなく、「普通の入門書には、バカらしいなどの理由で載ってない」という意味である。筆者はあえて、ヘンなことをやる。

> $3x + y - 2 = 0$ を t で微分せよ。ただし、x、y は t の関数ではない。

　t で微分するとき、x, y が t の関数でないならば、定数扱いで、微分するとゼロになる。よって、与式を微分すると、

$$0 = 0$$

という、面白くも何ともない式になる。この面白くなさはハンパじゃないので、したがって問題として出されることはない。

ヘンな微分②

> $3x + y - 2 = 0$ を t で微分せよ。ただし、x、y は t の関数である。

　t で微分するとき、x, y が t の関数ならば、ルールにより x' と y' になる。ただ、t で微分しているということを明確にするにはライプニッツ先生の記号の方が都合がよさそうだ。よって、与式を微分すると、

$$3\frac{dx}{dt} + \frac{dy}{dt} = 0$$

となる。

ヘンな微分③

$ax + by + cz = (x^2 + x)(y + 1)$ を微分せよ。

これを見て、「あれ？」と思った？
思った人はよくできました。この問題は、

不備により、できません

というのが正しい。微分せよと言われると考えなしに x で微分してしまったり、つい y というと x の関数みたいな先入観をもってしまう人もいるだろう。それは、

よく調教されているねぇ

という感じである。普通の教科書できちんと勉強した人には無理からぬことであると筆者も思っているので、その怒りは別の場所に向けてもらいたい[注9]。

「微分せよ」という指示を出すためには、重要な前提が必要である。それは、

(1) どの文字で、微分するのか。
(2) その文字と他の文字の関係はどうなのか。あるのかないのか。

まず (1) について。ただ「微分せよ」などと曖昧な指示を出さずに、「x で微分せよ」とか、「y で微分せよ」のように、文字を指定してやればいいのだ。教科書では「よく x で微分するから」などというフザケた理由[注10]で省略されているが、そんな省略は

注9) なぜ教科書は「きちんと」勉強した人を「不可解の泥沼に突き落とす」ようになっているのか、筆者にはとても疑問である。これでは報われないだろう。
注10) 他に高尚な理由があるのかもしれないが、筆者は知らない。

10年早い

と知るべきである。省略すると言葉が少なくてすむから便利にはなるが、お互いに意思の疎通ができていて、はじめて意味をもつ。省略した結果、読者が「何も考えず、微分と言えば x で微分」するようになってしまっては、省略で得られるメリットの何倍もの害毒がある。これを「調教」と言わずに何と言おう。まさに本末転倒である。基本的に、「調教」されて喜ぶ人は少ない。筆者は、数学が嫌いという人の中には、このような「調教」を本能的に察知して嫌いになった人も少なくないと睨んでいる。また数学ができる人は、何かのはずみでたまたま「これは『x で』の省略があるんだ」と気づいた人なのだろう。教科書に、そのようなことが

書いていないわけではない[注11)]

ので、気がつく人には気がつくのだ。しかし、

普通の人には気がつかない

と、筆者は思う。マーフィーの法則[注12)]に「どんなに丁寧に書いても、誤解する人がいる」とあるように、全ての人に誤解なく伝えるのはユメだとしても、せめて普通のちゃんと勉強しようという人には気づくような構成にしてもらいたいと思うのだがどうだろう。「気がつく人」というのは、単に注意力があるとかカンが鋭いとかだけではなく、多くの場合、このあたりがあやしい、と予測しているからこそ、気がつくことができるのである。自動車の運転で、初心者とベテランのドライバーの運転中の視点を追った映像があったが、初心者は視野全体をあちこち見ているのに対して、ベテランは人が飛び出してきそうな路地や木の陰を集中的に見ている。「歩道橋の上」みたいな、およそ関係のないところはロクに見ていない。だから、物陰から何かが飛び出したときの反応は、初心者よりもベテランの方が早いが、歩道橋の上から何かが落ちてきた

注11) だから、タチが悪い。
注12)「探し物は最後に探した場所にある」など、日常の出来事を法則風にまとめたエッセイ。

ときの反応は、実は初心者の方がベテランよりも早いのである。しかし実際問題、物陰から人が飛び出すのと歩道橋から物が落ちてくるのとどちらに注意力を振り分ければいいかというと、もちろん前者であるだろう。つまり、慣れた人は、どこに多く危険が潜んでいるかを知っているのである。注意力は有限だから、危険予測により、落とし穴にハマる可能性を減らしていくのだ。ところで、冷静に考えて、初学者の啓蒙目的の本でベテランのような注意力を要求するのは、

矛盾してるんじゃないか？

と思わざるを得ない。つまり、これは巧妙に仕組まれた罠なのだ。

次に (2) について。文字と文字の関係というのは、

関数なのか定数なのか

である。「関数」や「定数」は、教科書的にはその定義はごく初期に登場するが、当時はあまり意識する必要性がなかったために、きっと印象も薄いだろう。関数と定数の区別は、まさにここで必要になる。だから、今までそれをあまり意識していなかった人も、ここからはよく意識するようにしてもらいたい。

さて、関数と定数だが、これらは「文字と文字との関係」を表すものなので、常に「登場人物」は「2人」いる。a は b の関数、とか、a は x に対して定数、とかである。関数とはよーするに、「影響を受ける」という意味で、定数は逆に「全く影響を受けない」ということである。影響の有無だから、同じ文字 a が「x に対しては関数だけど、y に対しては定数」ということも大いに有り得るのだ。

実際には、どれが関数でどれが定数なんてことは、

問題から読みとるもの

である。

Section 3.6
やり方のまとめ

　ここまで詳しく見てきたが、微分は

優先順位を考えて、法則を適用していくだけ

だ。この優先順位というのが意外とくせ者で、ハッキリ決まる場合はいいが、どちらでも解釈できるような場合が困りものである。しかしこれは「困りもの」ではなくて、

工夫のしどころ、と前向きに考えよう。

　微分のやり方をまとめると、次のようになる。

(1) まず準備として、<u>どの変数で</u>微分するかを明らかにする。
(2) さらに、どの文字が関数で、どの文字が定数なのかを明らかにする。
(3) 次に、微分演算子を必ず<u>両辺に</u>作用させる。
(4) あとは<u>ルールにしたがって</u>、細かくしていく。
(5) 微分するところがなくなったら終了。

　今さら当たり前のことばかりのような気もするが、そして前項でも触れたばかりだが、重要な注意がある。それは、(1) の

どの変数で微分するかを安易に省略しないこと

である。安易に省略しているのが、他ならぬ教科書だからうんざりする。

それでもまぎらわしい優先順位

［質問］ $\log x + 1$ は $(\log x) + 1$ なのか $\log(x+1)$ なのか？
$\sum k + 1$ はどうか。$(\sum k) + 1$ なのか $\sum(k+1)$ なのか？
［答え］決まっていない。

ホンマかいな、という気もするが、そうなのだから仕方ない。正式には決まっているかもしれないが、

守られていないルールは、決まっていないのと同じだ。

いーかげんなもんである。$\log x + 1$ なんて書かないで、$\log(x+1)$ または $1 + \log x$ と書くようにすればいいだけなのだが、書くときには自分なりの思いこみがあるので、些細なことでもなかなか実行できないものである。

マジメな先生は「読むときは文脈を考えて読まないといけないし、書くときは相手に誤解を与えないように書かなくちゃいけない」などとのたまうかもしれないが、そんな指導は正論すぎて、ハッキリ言って迷惑である。いいかげんな教科書は「意味を補って読め」で、模試の答案は「誤解を与えるような答案は減点対象」だって？　そりゃあ理不尽ってもんだろう。筆者は模試での「減点対象」は結構だ[注13]と思うが、「いいかげんな教科書が許される」のはどうかと思う。だいたい

「相手に誤解がないように」なんて無理な注文だ。

そんなことができるなら、どれだけのカップルが別れることなく幸せに続いているだろうか。

注13) わかりやすい答案を書く技術は磨いた方がいいと思う。

コンピュータ言語の世界でも優先順位の問題はある。普通の言語なら3＋4×2はちゃんと4×2の方を先に計算してくれるだろうが、

しかし、どんな言語でもそうだとは限らない

から油断ならない。そして最も重要なことは

この類のことに起因するバグは、とても発見しにくい

ということである。そういうことを考えると、たいした手間ではないんだから、3＋(4×2)と書いておけばいいだろう。そのカッコが正式には不要だとしても、あとでどうにもならないバグになるよりマシである。

コンピュータ言語でさえそうなのだから、いわんや数学の答案をや、である。他人が誤読しにくい答案というのは、自分自身が間違えないための答案でもあるのだ。間違えやすい優先順位に敏感になって、つまらない失点を防ごう。

Section 3.7
もっと疾く！

　基本的にはルールを適用していけば微分はできるはずなのだが、多項式の微分は

やたら出てくる

ので、もうちょっと疾くできると嬉しい。
　ここまでは掛け算で言えば「足し算」である。足し算さえできれば掛け算はできる。3×5なら、3をちまちま5個足せばいいのだから。しかし、掛け算をスピーディーに実行するには、

「九九」や「筆算」といった便利ツール

が欠かせない。便利ツールの準備はそれはそれで面倒だが、やっぱり

もしなかったら、めちゃめちゃ不便

だろう。というわけで、微分における便利ツールを準備しようではないか。

x^n の微分を疾く

　ちゃんとした証明はともかく、微分を列挙してみると、法則が見えてくる。

$$(x^1)' = 1$$
$$(x^2)' = 2x$$
$$(x^3)' = 3x^2$$

$$(x^4)' = 4x^3$$
$$(x^5)' = 5x^4$$
$$(x^6)' = 6x^5$$
$$(x^7)' = 7x^6$$

これを眺める限り、

$$(x^n)' = nx^{n-1}$$

とすればよさそうだ[注14]。かなり簡潔なルールなので、ぜひ使えるようになろう。こう考えると、$(x^1)' = 1$ は $(x^1)' = 1 \cdot x^0$ と考えればいいことがわかる。

係数の処理を疾く

$(ax^n)'$ は、

$$\begin{aligned}(ax^n)' &= a \cdot (x^n)' + \underline{(a)' \cdot x^n} \\ &= a \cdot (x^n)'\end{aligned}$$

下線部はゼロになる。つまり、「係数は、別扱いで考えてよい」となる。教科書には「公式」として「$(ax^n)' = a(x^n)'$」とあるだろう。不得意な人に限って、それをそのまま覚えようとするが、

だからダメ

なのである。「係数は、別扱いで考えてよい」という言い換えこそがポイントなのだ。

注14) 厳密に「これでよい」というためには帰納法を使って証明すればいいのだが、まあ別にいいだろう。

$x^3 + 5x^2 + 2x - 1$ を x で微分せよ。

足し算は、それぞれ微分して和をとればよかった。よって、

$$(x^3 + 5x^2 + 2x - 1)' = 3x^2 + 5 \cdot 2x + 2 \cdot 1 - 0$$
$$= 3x^2 + 10x + 2$$

となる。

Section 3.8
合成関数の微分について

　合成関数の微分のルール、ややこしかったよねぇ。どんなものかというと、$y = f(g(x))$ とすると、

$$y' = f'(g) \cdot g'$$

これは、実はラグランジュ先生の書き方で書くからこんなにややこしいんだ。記号には一長一短があると述べたが、ライプニッツ先生の記号を使うと、

$$\frac{dy}{dx} = \frac{dy}{du} \cdot \frac{du}{dx}$$

となる。これと $y' = f'(g) \cdot g'$ の２式を見て

とても同じ式とは思えない

のではないか。ラグランジュ先生の記号は「$'$」が入り乱れてよくわからない。一方、ライプニッツ先生の記号を使った式は、まるで

当たり前に見える。

ただ約分しているだけのようだものねぇ。これはいったいどういうことなのだろうか。

　以前やった x^6 の微分をもう一度見てみよう。

> **x^6 の微分（74 ページより）**
>
> $f(x) = x^2$ とすると、この $f(x)$ に x^3 を入れたら
> $$f(x^3) = (x^3)^2$$
> になる。ある関数 f に g をブチ込んだものを微分すると、
>
> $$f' に g をブチ込んだもの、掛ける、g'$$
>
> というのがルールだった。

ここで、$y = x^6$ を 2 段階で考える。

$$\begin{cases} y = u^2 \\ u = x^3 \end{cases}$$

まず、とりあえず第 1 式だけを見ると、普通の人は、

ああ、y は u の関数か。

と思うに違いない。y' と書くと「何で微分しているのか」がどこかに行ってしまうが、あくまでここでは

$$\frac{dy}{dx}$$

の意味であって、それ以外ではない。これを忘れると全く意味不明になる。でもまあ、$y = u^2$ というカタチからして、u で微分しないと仕方なさそうだ。そのようにやってみると、

$$\frac{dy}{du} = 2u$$

となる。ところで、今度は第 2 式だけを見ようとする。

u は x の関数ね。

というわけで、今度は x で微分すると、

$$\frac{du}{dx} = 3x^2$$

となる。

　求めたいのは $\frac{dy}{dx}$ なんだから、なんとなく掛け算してやれば出そうである。u は x^3 だったことを思い出しつつ…、

$$\frac{dy}{du} \cdot \frac{du}{dx} = 2u \cdot 3x^2 = 2x^3 \cdot 3x^2$$

となって、普通に計算した場合の

$$\frac{dy}{dx} = 6x^5$$

と一致する。

　ライプニッツ先生の書き方でもよさそうなことはわかったが、それではどうしてこんなに見た目が違うのか。ラグランジュ先生の書き方では、「何で」微分しているのかが明確でないが、それはつまり、

書こうと思っても書けない

ということである。これがややこしさを増しているのである。

　$y = f(g)$ だけを見ると、「y は g の関数」と読める。これを普通に（g で）微分すると、

$$\frac{dy}{dg} = f'(g)$$

だろう。混乱しそうな人は、g を x だと思って、式をじーっと眺めて欲しい。普通に、$y = f(x)$ なら、

$$\frac{dy}{dx} = f'(x)$$

って別に、当たり前、というか、ラグランジュ流で書くかライプニッツ流で書くかの違いで、意味がない。「7 ＝ 七」のようなものだ。

しかし我々の欲しいのは $\frac{dy}{dg}$ ではなく $\frac{dy}{dx}$ なので、$\frac{dg}{dx}$ を掛けてやらねばならない。ところで、

$$\frac{dg}{dx} \text{って、なんじゃ？}$$

難しくない。$g(x)$ を x で微分すれば、

$$\frac{dg}{dx} = g'(x)$$

でしょ。最後の「(x)」は単に「x の関数だよ」って意味なので、別に「g'」でもいいのだが、なんとなくそれだと寂しいので「(x)」をつけてみた。それで、

$$\frac{dy}{dx} = f'(g) \cdot g'$$

になる。こういうわけで、$(f(g))' = f'(g) \cdot g'$ が出てくる。

さて、どちらでもいいということはこれで示したことにするが、ではどちらがいいのだろうか。筆者は多少ややこしいけれど、ルールのときに紹介した $(f(g))' = f'(g) \cdot g'$ の方だと思っている。意味を理解するのはライプニッツ先生の記号の方がわかりやすいが、あの程度の計算で、いちいち置き換えてはいられない。

逆に言えば、

ややこしくなったら、素直に置き換えろ

ということでもある。例えばこんなのはどうか。

$f(x) = e^{\sqrt{x} - x}$ を x で微分せよ。
ヒント1：$f(x) = e^x$ のとき、$f'(x) = e^x$ である。
ヒント2：$f(x) = \sqrt{x}$ のとき、$f'(x) = \dfrac{1}{2\sqrt{x}}$ である。

まだ本書では自然対数 e や $\sqrt{x}$ について深く考察していないが、まあ、

ヒントを使って本問に挑戦するとしよう。とりあえず、次のようにする。

$$\begin{cases} f = e^u \\ u = \sqrt{x} - x \end{cases}$$

これなら、それぞれ微分[注15]すればよい。いずれもヒントを見れば簡単だ。

$$\begin{cases} \dfrac{df}{du} = e^u \quad (\leftarrow ヒント1より) \\ \dfrac{du}{dx} = \dfrac{1}{2\sqrt{x}} - 1 \quad (\leftarrow ヒント2より) \end{cases}$$

で、

$$\frac{df}{dx} = \frac{df}{du} \cdot \frac{du}{dx} = e^u \cdot \left(\frac{1}{2\sqrt{x}} - 1 \right)$$

これでは答えに自分で勝手に作った文字「u」が混ざっているので、このままでは答えとして不適切である。自分で作った文字を答えに混ぜてはいけない。$u = \sqrt{x} - x$ と決めたのだから、u を x の式に戻して、

$$\frac{df}{dx} = e^{\sqrt{x}-x} \cdot \left(\frac{1}{2\sqrt{x}} - 1 \right)$$

となる。合成関数の微分を使ってもできるけれど、慣れないうちは、このようにワンクッションおいてやってみてもいいだろう。同じことを表す記号が複数あって、それが両方とも歴史の淘汰を受けずに生き残っているということは、何かお互いにメリット・デメリットがあって、使い分けられているのである。慣れないうちはどちらで表していいやら混乱のもとかもしれないが、慣れれば便利になるはずだから、

早く慣れよう！

注15) f は u で微分、u は x で微分する。

徹夜でギターを練習した先輩

　筆者の先輩が突然ギターを弾きたくなったらしく、今まで持ったこともないギターの練習をはじめたと思ったら、3日後には簡単なコードなら弾き語りができるようになっていた。聞けばほぼ徹夜で一日中弾いていたのだそうだ。さすがにそれだけやれば多少弾けるようになってもおかしくはない気がするが、それにしても、手は血マメで痛々しく、

そこまでやるか的気合が感じられた。

なぜそこまでやるのか、と誰でも思うだろう。先輩曰く「だって、弾けないとつまんないし、弾けると楽しいじゃん。だったら、多少苦労しても早く弾けるようになった方が楽しいじゃん。」
　世の中の多くのことは、はじめの一歩が一番ツライ。ゼロから1にあげるのはタイヘンなのだ。自転車でもボートでも、

漕ぎはじめが一番重い。

動きはじめればラクになり、楽しくなる。ある程度の速さまでは、誰でもできる。プロの競輪選手になろうとするとまたタイヘンになるが、多くのことはそこまでの能力は要求されていないし、そんなヒマはないだろう。自分の勝負所を決めたら、そこに全力を投資するべきだが、そうでないなら、

どうしたら早く、楽しくなるか

を考える。つまらない練習を長い時間続けられないからといって、持久

力や忍耐力のせいではない。持久力や忍耐力は有限なのだ。忍耐力が尽きてしまわないうちに、坂道を登りきれるかどうか、そこに勝負があるのである。

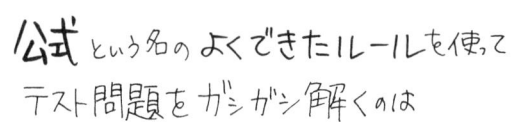

公式という名のよくできたルールを使って
テスト問題をガシガシ解くのは

ヘリコプターで
富士山の八合目まで
飛んでくるよーな
ものです。

(ひゃっほう／公式)

文科省の犬

全員が富士山の
てっぺんまで登るには
それが一番だろ

こっちは落第者を
出したくねーんだ
てめーんとこの寺小屋と
違ってな

うーん……
まあそう
ですケド……

えんじゃー
面白さは
伝わらんの
だよー

098　Chapter 3　テスト前の微分講義

Chapter 4

一合目から登る微分の山

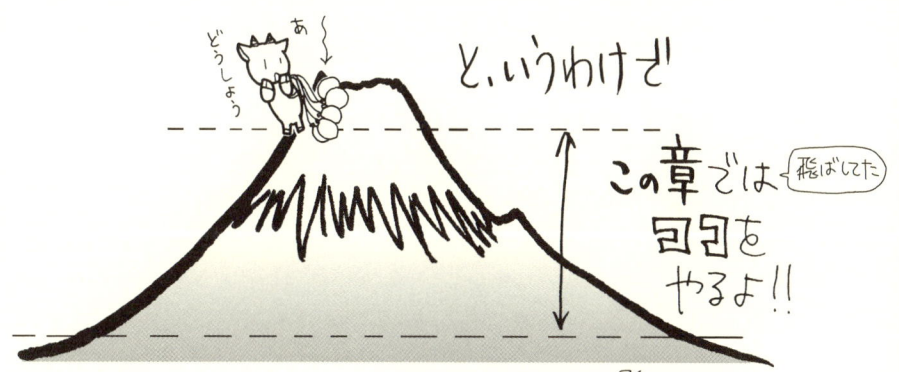

と、いうわけで

この章では 回回を やるよ!! 〔飛ばしてた〕

あ〜 どうしょう

8合目までどうやって登るか?
「微分の計算のキホン」をやっていきます。

Section 4.1
一合目からの醍醐味

　富士山の登山口は五合目にある。普通はそこから登り出すのだが、筆者の後輩で「田子の浦から出発して富士山に登ろう」という企画を立てたヤツらがいた。途中、自衛隊の演習場に迷い込みそうになりながらなんとか登りきったらしいが、「一合目から五合目までの方が、よっぽどタイヘン」だったそうだ。そうかもしれない。

　前章で扱ったのは、微分の「五合目から八合目まで」という感じだ。今回はあらためて「一合目から頂上まで」に挑戦しよう。

Section 4.2
微分のアイディア

今回はとりあえず、「ある曲線上の点に対して、その点での接線の傾きを求めたい」ということを考えていく。接線の傾きを求めればいいのだったら、微分など使わなくてもできそうだ。次の問題をやってみよう。

> 2次関数 $y = x^2 + 1$ 上の点 P $(a, a^2 + 1)$ における接線の傾きを求めよ。

接線は微分の考え方で解くのが王道だと思うが、数学教育としては微分を習う以前に小技を駆使して接線を求められるよう調教している。本問を慣れた受験生（？）ならサクっと次のように解くだろう。

とりあえず接線を $y = \alpha x + \beta$ とでもおいて、「接する」を「2つの交点が存在し、それらが一致する」と瞬時に言い換え、「$x^2 + 1 - (\alpha x + \beta) = 0$ が $x = a$ で重解をもてばよい」と結論づける[注1]。ここまでいけばあとは整理して解くだけ。

$$x^2 - \alpha x + 1 - \beta = 0$$

$x = a$ で重解だから、$x = a$ を代入してゼロ（$x = a$ が解であることの条件）、かつ、重解だから判別式もゼロ（重解を持つことの条件）、とすれば α と β が求められるだろう。

別の方法もある。$(x - a)^2 = 0$ を展開して、

注1）受験生以外はこんな思考回路をマネる必要はないし、この問題の解き方がわからなくても本編の理解に関係ない。

$$x^2 - 2ax + a^2 = 0$$

これと係数を比較して、

$$\alpha = 2a$$
$$\beta = 1 - a^2$$

よって、点 P における接線は $y = 2ax + 1 - a^2$ である。例題で要求されているのは傾きだけなので、α が求まった時点で仕事は終わっている。というわけで、x 座標が a である点 P を通る接線の傾きは $2a$ になる。

🐾 🐾 🐾 🐾 🐾 🐾 🐾 🐾 🐾 🐾 🐾 🐾

こうやって接線を求めれば傾きを出せる。ではどんな関数もこの方法でできるのか。

指数関数 $y = 2^x$ 上の点 P $(a, 2^a)$ における接線の傾きを求めよ。

接線を $y = \alpha x + \beta$ とおくと…、どーすりゃいいんだ？
多項式なら「重解をもつ」ということにすれば、なんとかできた。ところが相手が指数関数では、いきなりどーしょーもなくなる。なんか他の方法によって式が求まらないだろうかと思うのが人情だ。

ここが微分の必要性

なのである。今までの方法でできるなら、新しいやり方をわざわざ苦労して修得する意味は薄い。運動部に入っている人なら、

できないから、やる気になる

という感覚をわかってもらえるだろうか。なかなかに数学の世界も体育会なのだ。

さて、我々は「過去の人から見れば、未来人」なので、どの道具を使えば解決が得られるかを知っている[注2]。もちろん、その道具とは「極限」のことである。極限では「〜に近づく」という日本語を数学語に直せる技術を提供してくれている。ということは、

近づけることで、傾きが求められるような式

を立てれば、それに極限をかますことで傾きが求められるはずだ。そんなに都合のいい式が立てられるのだろうか。次の考え方がポイントとなる。

「どんな曲線も、とことん拡大すれば直線に見える」

本当だろうか。ハッキリ言って、謎である。でもまあ、

世界平和のために、そういうことにしておこう。

だとすると、話は早い。グラフ上の適当な2点をとって「傾き」の式を作り、その2点間の距離を縮めていって、直線に見えるくらいまで縮めればそれが「傾きだ」と言っていいだろう。このように考えれば、それほど違和感なくそのような式を立てることができる。なんとも都合のいい話だが、これはもちろん、いろいろな試行錯誤の末に得られた結論である。我々は未来人だから、結果先取りで追体験しているだけだ。

では上の議論を念頭において、実際に立式してみよう。適当にグラフ上の2点をとり、それの「傾き[注3]」を出す。2点のとり方はどうでもいいので、例えば2点を $(a, f(a))$, $(b, f(b))$ とする（ただし $a < b$）と、「傾き」は

$$\frac{f(b) - f(a)}{b - a}$$

注2) 本当はその試行錯誤こそが面白いという気もする。ジグソーパズルの好きな人は、その「苦労」が楽しいわけだし。まあでも、そこまでヒマじゃないし、別にいいだろう。

注3) 現時点でこれを「傾き」というのは違っており、「平均変化率」というのが正しい用語である。「傾き」は行き着くところまで行ってはじめて「傾き」なのだ。だがしかし、本書では別にそんなことにはこだわらないことにする。

とすればいい。と、簡単に書いちゃったけど、わかる？ 傾きは

$$\frac{y座標の差}{x座標の差}$$

で表せるよね。困ったらグラフをよく見てちょうだい。

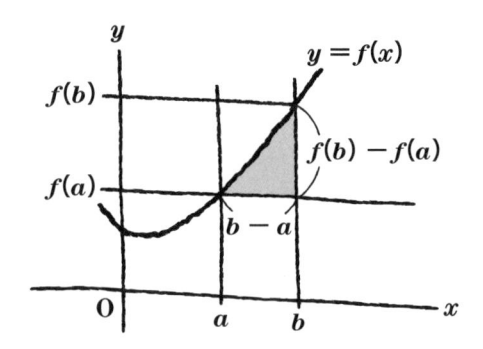

な〜んだ、ただ差をとってるだけじゃん。

で、この2点を近づけるなら、

$$\lim_{b \to a} \frac{f(b) - f(a)}{b - a}$$

である。別の表記法もある。2点を $(x, f(x))$, $(x+h, f(x+h))$ ととる作戦だ。これはちょっとややこしい感じだが、やはり同様に「傾き」を作るつもりになると、

$$\frac{f(x+h) - f(x)}{(x+h) - x} = \frac{f(x+h) - f(x)}{h}$$

と考えることができる。この h をゼロに近づければ、「x での傾き」に近づいていくだろう。

$f(x)$ とかじゃ実感がわかないかな。多項式で練習してみよう。

> $y = x^2 - 3x + 1$ の x のところでの傾きは？

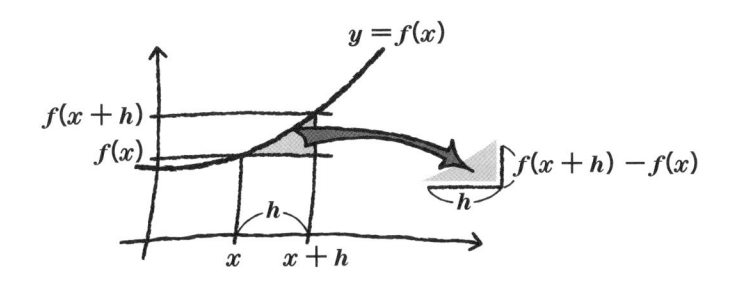

x のところ、と、x からちょっと進んだところを考える。どのくらいが「ちょっと」なのかという問題はあるが、とりあえず h ということにする。x 方向へ h だけ進む間に y 座標はもともと $x^2 - 3x + 1$ だったものが $(x+h)^2 - 3(x+h) + 1$ になっているだろう。ということは傾きは、

$$\frac{\{(x+h)^2 - 3(x+h) + 1\} - \{x^2 - 3x + 1\}}{h}$$

となる。あとは正確性を増すためには h ができるだけ小さければいいのだ。

積分では幅をゼロに近づけることで誤差が小さくなることが予想されたが、こうやって微分でも幅をゼロに近づけたいという欲求が出てきた。これが

極限をやりたくなるモチベーション

となる。続きはそれをマスターしてからにしよう。

平方根は「解けている」のか?

「ルート5」は「2乗して5になる数[注4]」という意味である。これはしかし、答えになってない、という面もある。料理をしている恋人に、「今（おナベで）何を作ってるの?」と訊いたら、「シチューよ」とか「カレーよ」というのが求めている答えだろう。ここで「今ナベの中にあるものに決まってるじゃない」などと答えたら

ヘタするとケンカになる

に違いない。

　ちょっと複雑にしてみよう。「今ナベで作っているもの」をAと定義すると、次の会話、
「何を作ってるの?」
「Aよ」
は上の会話と論理的に何ら変わりはなく、やはりケンカの原因になっていいはずだ。答えだけを見ると、「Aよ」と、スパッと答えているから、「シチューよ」と同じように考えてしまいがちだが、内容はまるで違う。言葉の定義に照らしてみれば、「Aよ」ではまるで答えになっていない。
　これをふまえて、もう一度ルートの定義を見直すと、
「2乗してその数になるもののプラスの方」
というのが定義だから、「2乗して20になるものはなあに?」に対して「$\pm\sqrt{20}$です」は、「『2乗して20になるもののプラスの方』の、プラス

注4) もちろん正確には $\sqrt{5}$ は「2乗して5になる数のプラスの方」である。

のヤツとマイナスのヤツです」と答えるのと同じで、ほとんど

質問のオウム返し

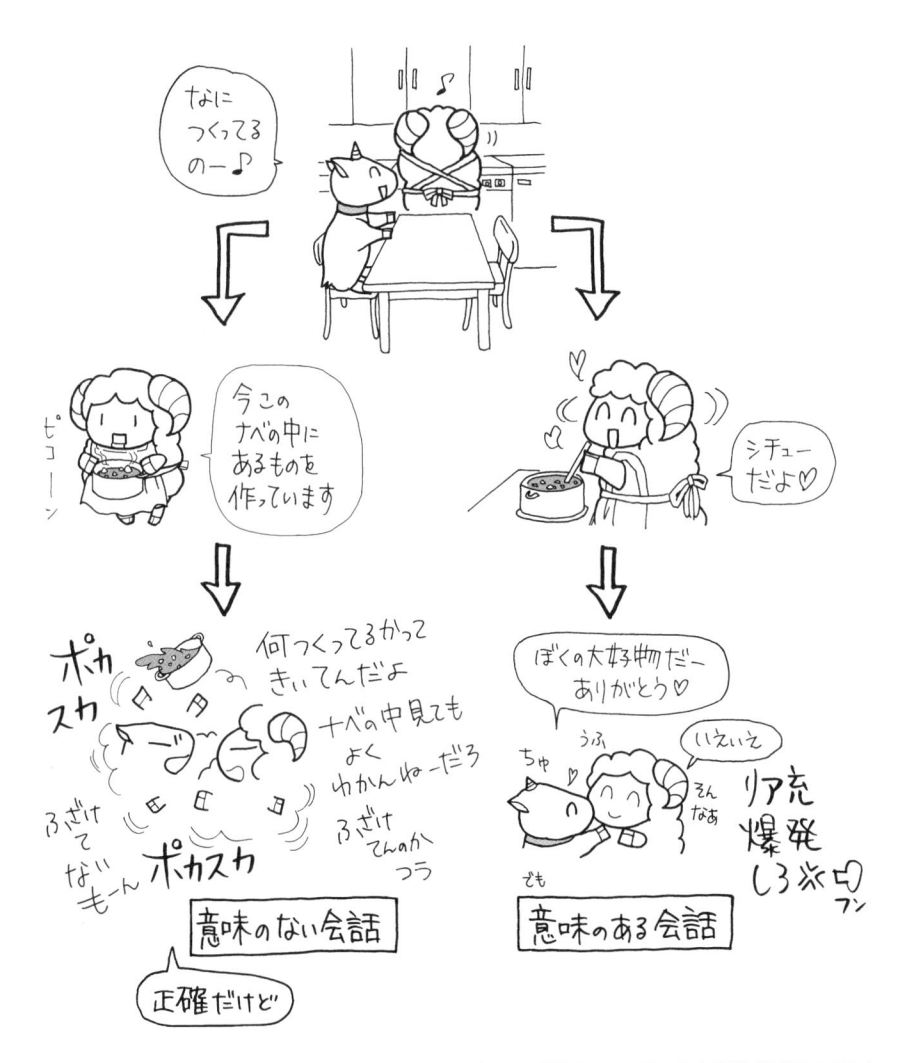

ではないか。何も答えになっていない。これは、新しい記号を作ったことにより、

わかった気になっているだけ

ではないのかという疑問が起こる。

　はたして筆者はその疑問は「その通り」ではないか、と思う。中学生でルートを習ったときに違和感を覚える人が少なくなく、これで数学が嫌いになったという話もよく聞く。これは意外に優秀な子に降りかかる災難である。きっとこれまでの経験から直感的に「答えになってない」と悟るのだろう。しかし、それが答えでよい、と教えられる。この矛盾が解決できないと、何を答えにしてよいのかわからなくなってしまうのだ。

　筆者はこれは、数学教育のミスだと思う。日常生活で数学を使う場面では、「『面積が $20\mathrm{cm}^2$ の正方形を作りたいので』、一辺の長さが知りたい」という具合に、何らかの理由が存在する。正方形を作りたいとき、知りたいのは「$\sqrt{20}\mathrm{cm}$」という答えではなくて、具体的な「何cm」という長さだろう。そうすると、
「面積が $20\mathrm{cm}^2$ の正方形の、一辺の長さはいくらにしたらいい？」
「ええと、ルート20だから…、4.472cm かな」
まで言わないと答えにならない。さきの話では、
「何を作ってるの？」
「『ナベの中にあるもの』よ。それはシチューよ」
と、2段階で答えているのと同じである。

普通に考えれば明らかにムダ

だが、あえて2段階で答えるのにはわけがある。そこには数学独特の損

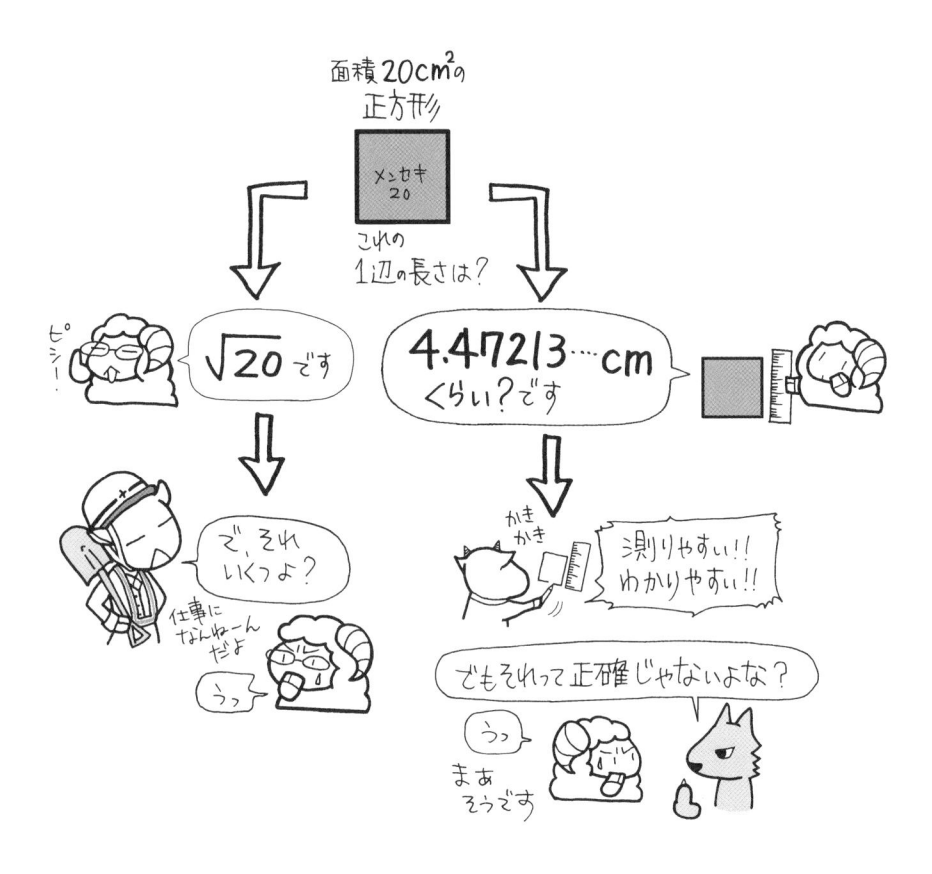

得勘定がはたらいているのだ。ではその損得勘定とは何か。それは、

計算は大変だ

という思想である。

　アルミ缶をリサイクルする理由として、一からボーキサイトを精錬してアルミを作るより、アルミ缶からアルミを作る方が断然ラクであるこ

とが挙げられる。$\sqrt{20}$ を求めたいとき、直接頑張って求める方法もあるが、もし $\sqrt{5} = 2.2360679\cdots$ を覚えていれば（$\sqrt{20} = 2\sqrt{5}$ なので）、これを 2 倍することで求められる。$\sqrt{20}$ がいくつかを覚えているほど脳がヒマな人はいないだろう。しかし、$\sqrt{5}$ は覚えている人も多い[注5]。「$\sqrt{5}$ がいくつか、という知識」を使えば、あとは「2 倍」という誰にでもできる簡単な計算だけをすれば、未知の $\sqrt{20}$ が求められるのだ。つまり、$\sqrt{20}$ をいきなり求めずに $\sqrt{5}$ を利用して求めることは、

過去の資産を利用している

ことにあたるのだ。

　いったん言い換える意味は過去の資産を利用することにある。別に $\sqrt{20}$ くらいなら、直接求めようと、過去の資産を利用しようと手間はあまり変わらない。いやむしろ、過去の資産を利用しようとした方がタイヘンになるかもしれない。我々が

なぜ「わざわざ」言い直すのか

と思うのはそういうわけである。「わざわざ」には、「こんな簡単なものに、なぜ」という感情が込められているだろう。そして $\sqrt{20}$ のようなショボい敵に対してはまさにその通りである。スライム相手にイオナズンを唱える必要など何もない[注6]。それなのにあえて言い直してから解く。これは

将来の敵に備えての訓練

注5) ゴロあわせ：富士山麓オウム鳴く 2.2360679⋯
注6) （株）スクウェア・エニックス制作のビデオゲーム『ドラゴンクエスト』シリーズより。最弱の敵スライムに強力な呪文（イオナズン）で攻撃を加えるようなことは、普通、しない。

に他ならない。

　一度質問を言い換えて「$\sqrt{20}$」を求めようとする。この $\sqrt{20}$ に式処理を施す。式処理は機械的にできる。式処理をしても解けるとは限らないが、過去に同様の問題を解いたことがあれば、そこから先は苦労なく求めることができる。だからこそ、数学が役に立つのである。電卓の発達した現在は、わざわざ $\sqrt{20}$ を $2\sqrt{5}$ と言い換えなくても構わない。簡単な方を使えばいいのである。とりあえずは

方法が二つある

ということが重要で、それを知っていれば片方の道が通行止めでも、別の道を通って行ける。どちらの道でも解決できるが、将来の難問を考えると片方だけをマスターして喜んでいるのは器が小さいのだ。

　わざわざ言い換えてから解く理由はこれだけではない。もうひとつの数学の思想として

誤差がコワイ

がある。$\sqrt{20}$ をすぐに 4.472 に置き換えてしまうとわからなくなってしまうが、もしかすると約分できるかもしれないし、何かで消えるかもしれない。そのような可能性を考えて、数学ではなるべく「泥臭い計算」は後回しにしようとするのである。

　このように、$\sqrt{20}$ の扱いは

・過去の資産の利用
・誤差の問題を回避

という二つの問題を孕んでいたのである。

入門編の問題集では「○○を簡単にせよ」という出題形式をよく見かけると思うが、これは「過去の資産を利用できるように、誤差の問題を回避できるように、将来の難問に備えるのが、数学世界の美学よ。だから、泥臭い計算の直前までおやりなさい」という

深〜いお導き

だったのである。ちなみに筆者は、学生当時にそんなことには全く気づかなかったけれどね。
　そういうわけで、「2乗して20になるものはなあに？」には、「$\pm\sqrt{20}$だよ」と答えるのは、一見すると答えになっていないようでも、とりあえずはそれでよいのである。同様に、積分の問題を一度「式」に直して、とりあえずはそれでよしとし、計算方法は計算方法で別に考える。このように一旦計算をストップして周りを見渡すことが、実は数学の極意だったのだ。

Chapter 5
極めつきの極限

ある数字に極限まで
近付いていくと
……どーなるの!?

Section 5.1
定義されない値

　積分は極限をやっただけでは苦しいが、微分は極限をやればできるようになる。根本的に

「極限」なんて耳慣れないなあ、という人の方がフツー

だと筆者も思っているので、あんまりビビらないでもらいたい。まずは簡単な例からいってみよー。

$y = x + 1$ と $y = \dfrac{x^2}{x} + 1$ はどこが違うのか。

　読者の皆さんは、次の2つのことに敏感になってもらいたい。

(1) 除算のとき、割る数が0かどうか
(2) ルートをとるときに、中身が負の数かどうか

　大学受験数学で場合分けが生じるのは主にこの2つの場合で、ミスの温床になるのもここなのである[注1]。別に試験に出るから重要というわけではないが、ゼロで割る可能性を残してしまうと、

ハッキリ言って、カッコ悪い。

このへん、数学のセンスが問われるところである。人間誰でもミスをす

るものだが、カッコ悪いミスとそれほどでもないミスがある。ゼロで割る可能性を残してしまうのは、カッコ悪い部類に属するので、読者の皆さんはぜひそういうミスをしないようにしてもらいたい。ミスの可能性としては、

(1) 場合分けをすべきところで、しない。
(2) 場合を分けたはいいが、片方やり忘れる。

という2つが典型的だ。どう場合分けをするのかというと、もちろん、割る数がゼロである場合とそうでない場合、もしくは、ルートの中身がゼロ以上である場合とそうでない場合、である。しかし、ゼロで割ったり、負数のルートをとったりは、

普通は、しない。

普通じゃない場合とはどんな場合か。そのミスは、

文字で割ったり、文字のルートをとるとき

に起こる。つまり、

[例題] x の平方根を求めよ。
[誤答] $\pm\sqrt{x}$
[正答] $x < 0$ のとき、解なし。そうでないとき、$\pm\sqrt{x}$

この2つの解答の違いを、よ〜く認識しよう。-3 にルートをとったりは普通しないと思うが、x になっていると $x = -3$ の可能性を忘

注1) 「試験に出るから重要だ」も「重要だから試験に出る」も正しくないが、ここは「試験に出るし、重要でもある」ところである。受験生のみならず、よく考えて欲しいところだ。このへんは、プログラマの人は結構敏感だったりする。プログラム中にうっかり0で割るとバグ（プログラム上のミス）となる。0 divide のエラーを出したらプログラムとして恥ずかしい。慣れたプログラマなら、除算のところでは必ず0で割る可能性をチェックして、有り得るなら対策（「例外処理」という）を考えるのが習性となっているはずだ。

てつい $\sqrt{x}$ とやってしまう。同様に $\dfrac{3}{0}$ と書く人はいないだろうが、$x=0$ の可能性を忘れて $\dfrac{3}{x}$ とはつい書いちゃうものである。文字のルートと文字での割り算には敏感になって欲しい。

では問題に戻ろう。$y=\dfrac{x^2}{x}+1$ は $x=0$ のときにはゼロで割っていることになってしまってダメである。こういう状態をカッコつけて言うと「$x=0$ のときに y の値は定義されない」という。$x=0$ でなければ、0 でないのだから約分[注2)]して $y=x+1$ でよい。つまり違いは何かというと、後者はグラフ上で「分母がゼロになる点がヌケる」ということである。

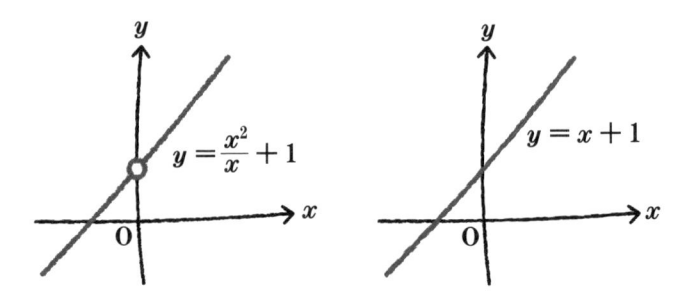

これを「たかが点1個じゃないか」と考えてはいけない。

このへんを甘くみないのが、数学のセンス

である。別に、今、そんなセンスを持っている必要はない。これから身につければいいのだ。とりあえず今は、教訓として

「文字を安易に約分してはいけないよ」

ということを覚えておこう。安易にするな、とは、ゼロかどうかを気に

注2) ここで出てきた「○○は0でないから約分して…」という言い回しは、実は要チェックである。もう、「0でないから」というのは、文字で割り算するときの「前フリの決まり文句」と言ってもいいだろう。本書でもたびたび登場している。

しろ、ということである。念のため。

これが入試問題になるとこうなる。

> **次の式を簡単にせよ。**
> $$\frac{x-1+\dfrac{3}{x+3}}{x+1-\dfrac{3}{x+3}}$$

どこの大学とは言わないが、たいした問題ではない。これを何も考えずに解くと、こうなる。

［解答例］（論理ミスあり）

$$\frac{x-1+\dfrac{3}{x+3}}{x+1-\dfrac{3}{x+3}} = \frac{\dfrac{(x+3)(x-1)+3}{x+3}}{\dfrac{(x+3)(x+1)-3}{x+3}}$$

$$= \frac{(x+3)(x-1)+3}{(x+3)(x+1)-3}$$

$$= \frac{x^2+2x}{x^2+4x}$$

$$= \frac{x+2}{x+4}$$

上の解答のどこに間違いがあるのだろうか。ちなみに上記の解答例はどこぞの問題集に載っていたものである。

所詮問題集の解答例もこんなもん

である。

普通は「文字を安易に約分しちゃいけないよ」という注意を無視するから間違いが起こるのだが、この問題の場合はそれに加えて、「問題文に隠されている条件を見つけないといけない」のでちょっとタイヘンだ。

5.1 定義されない値

なんだそりゃ？

という気もするが、そういうものなのである[注3]。

ここではどうすればいいかというと、

問題文中に文字による割り算が既にある

ことに注目する。で、一応

問題文は神様である

と考える。問題ミスを疑うのは最後にするということだ。問題をもう一度見てみると、分母になっているモノが3つ（2種類）ある。

$$\frac{x-1+\dfrac{3}{\boxed{x+3}}}{\boxed{x+1-\dfrac{3}{\boxed{x+3}}}}$$

例えば $x=-3$ だったらどうなるだろう。分母がゼロになってしまうよねぇ。分母がゼロになる x が存在するということは、x はそういう値である可能性もあるわけだ。そしたら、

問題ミスじゃん！→ 答え：なし

となるだろう。これはこれで正しい気もするが、さすがに

試験本番でこの解答を書く勇気はない

だろう。問題がミスでないとすると、どう考えればいいのか。

$$x+1-\frac{3}{x+3} \neq 0 \quad と \quad x+3 \neq 0$$

が「暗に仮定されている」と考えてあげるのだ。とすると、後者は $x \neq -3$ とすぐにわかる。前者がゼロにならないような x を探すには、

注3) 優秀な高校生をヒッカケるのは、出題者も苦労するのだろう。

ゼロになるような x を求めて、「それ以外」とすればいい。

だから、とりあえず、

$$x + 1 - \frac{3}{x+3} = 0$$

で考える。式の中にすでに分数が含まれているが、ここは「すでに $x \neq -3$ が仮定されている」と考えよう。ならば $(x+3)$ を両辺に掛けても構わない[注4] ので、そうする。すると、

$$(x+1)(x+3) - 3 = 0$$

となる。これを解くと

$$x = 0, \ -4$$

である。結局、問題文の中に、$x \neq 0, \ -4, \ -3$ が仮定されているのである。

つまり
コーユー
グラフに
なる

あ、グラフは
別に
いらなかったか

まいいや

絵を描かないと
わかった気が
しないんです

こことここだけ
ナシ

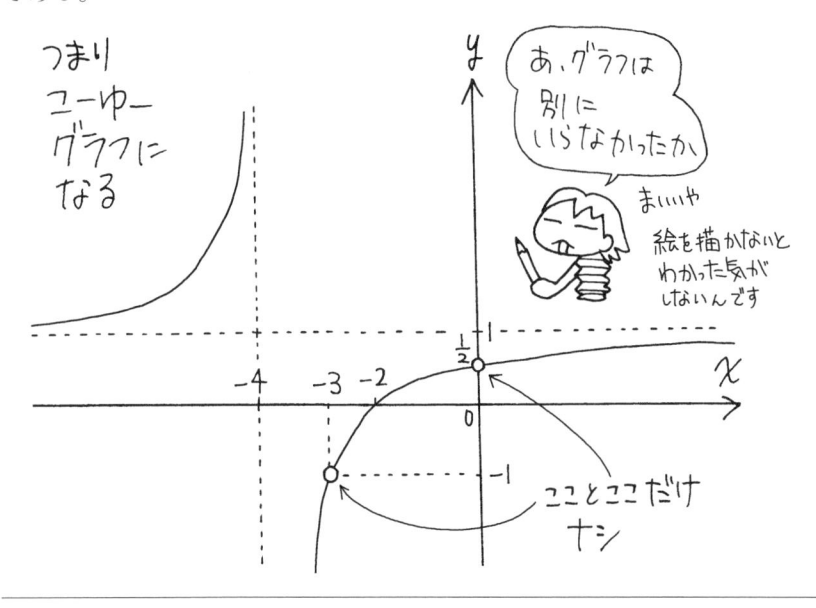

注4) このように、普通は「文字を含む式は、ゼロかもしれないので、安易に掛けたり割ったりできない」が、だからこそ、「ゼロでないことがわかると、掛けたり割ったりされる」のだ。

なんともはや。

まるで柳生封廻状の秘密[注5]のようだ。暗号解読じゃああるまいし。あらためて「解答例（論理ミスあり）」の結果を見ると、

$$\frac{x+2}{x+4}$$

となっている。この式が主張するのは $x \neq -4$ でしかない。$x = 0$ と $x = -3$ では与式と値が異なってしまう。与式では $x = 0$ を入れるとゼロで割ったことになり、「値がない」となるのに対して、上式ではちゃんと $\frac{2}{4}$ になり値をもってしまう。

値が異なってしまっては[注6]、与式を簡単にすることが要求されているのに、

別の式になってしまっている

と言わざるを得ない。つまり、まんまと術中にはまっているのだ。これではだめだ。ならば解答はどうすればいいのか。なんのことはない、

$$\frac{x+2}{x+4} \quad (x \neq 0, -3)$$

とすればいい。もしくは

$$\frac{x(x+3)(x+2)}{x(x+3)(x+4)}$$

と書く手もある。問題文がそうであったように、解答にも「暗に $x \neq 0$, -4, -3 という仮定」を埋め込むのである。答案の1行目に「問題文の仮定より、$x \neq 0$, -4, -3 である。」と書いてから、式変形などを始めるのもいいだろう。たいしたことはない。

注5) 『子連れ狼』小池一夫・小島剛夕。筆者の大好きな漫画。
注6) 「値が異なる」というより、かたや「値ナシ」かたや「値あり」だ。当然、「全然違うじゃねーか」という判断が正しい。

たいしたことはなくても、省略したら、バツ

なのだ。よーするに、問題文の仮定を見抜くことが大事で、それは

ゼロで割ることに敏感になること

によって可能になるのである。「安易な約分はいけない」は教訓としてよく覚えておこう。

　しかしまあ、実際に出題されているからしょうがないけど、個人的にはこういう問題は良問とは思えない。さきの「問題ミスじゃん」という主張も、あまり間違いだとは思えないからである。「採点官が『よく解釈』してくれないとマルがもらえないような答案は書いてはいけない」とよく言われる。「この子はこういうことが書きたかったんだろうな。よくわかるよ。でもバツ！」となるのが受験の世界である。でも筆者はそれで正しいと思う。採点をしていて、「こういうことが書きたかったんだろうな」とわかることはよくあるが、

やはり、書けてなければわかってないのと同じ

である。自動車免許の試験では、たとえ右を見ていても、首を右に振って「見ましたよ」ということをアピールしないと通らないし、逆に右を見ていなくても首を振って右を見たふりをすれば通る。実際の運転ではもちろん、首の振りなどどうでもよく、右を見たかどうかが大事であるに決まっているのだけれど、

試験とは、そういうものだ。

でもなるべく大学さんはこういう問題は出さないで欲しいものである。

Section 5.2
近づいたらどうなるか

　これからする「近づけたら」という話は、近づいているだけで、その値にしていない、ということに注意してもらいたい。例えば、

> $y = \dfrac{1}{x}$ で、x を 0 に近づけたらどうなるか。

　これは、あくまで「0 に近づけたら」ということは、0 にしていないのである。「0 で除算できない」というのは

かなり強力なルール

である。法学で言えば「憲法」だ。このルールが無視されることはない。0 では除算できないから、「近づいたらどうなるか」と問われたら、一致しないものと考えるべきである。日常語なら

「近づいた」の究極形態が「一致した」

になると思うのだが、数学では、基本的に、

「近づいた」は「一致しない」ことを意味する。

近づいたのに一致しないなんて、女心は難しいねぇ…って、何の話だ。

　さて、気を取り直して問題だ。$y = \dfrac{1}{x}$ のグラフを考えると、x をプラス方向からゼロに近づけるのと、マイナス方向からゼロに近づけるのでは違う結果になるだろう。つまり、x がゼロに近づくにつれ、

Chapter 5　極めつきの極限

正の方から近づけば y はどんどん大きく、
負の方から近づけばどんどん小さくなっていく

というのが、答えになる。x の符号が変わるのは、ゼロを越えたところなので、「ゼロに近づく」ときを考えるなら、正から近づこうと負から近づこうと、いずれにせよ

符号は変化しない

というのがポイントだ。

したがって解答としては

$$\begin{cases} x をプラス方向からゼロに近づけると & +\infty \\ x をマイナス方向からゼロに近づけると & -\infty \end{cases}$$

となる。x の近づけ方によって、$+\infty$ と $-\infty$ が有り得るので、慣れないと答えにくいが、本質的にはそれほど難しい話ではない。

「近づけ方によって違う」という話は将来的に少し深い話になる。というのも、1つの変数を動かすだけならプラスからとマイナスからの2方向を考えればよく、高校生は基本的に1つの変数しか動かさないのでこのように場合分けすればそれでいいのだが、例えば「x と y の2つの変数を同時に動かして近づける」は「平面上の1点に近づくルート」と同じで、いきなり無数の方法があることになる。つまり変数2つ以上で

場合分けではどうにもならなくなる。

しかも「近づけ方によって値が異なったりする」ため、なかなかメンドクサイ。「x と y を同時に動かす」を「点との距離 r をゼロに近づける」と考えたりしていろいろやるわけだが、まあそれは大学でやろう。高校では出ないのでここではやらない。高校生は場合分けでいい。

ワナビブ n コマ劇場（n は自然数）

前から近付けば
正々堂々

後ろから近付けば
卑小未者

124　Chapter 5　極めつきの極限

Section 5.3
「近づく」の数学語

今まで「近づく」を連呼していたが、実は「近づく」に対応する数学記号がある。

> **lim 記号の定義**
>
> 「x が a に近づくとき、f が α に近づく」を
> $$\lim_{x \to a} f = \alpha$$
> と書く。

これは例によって、単に書き方の決まりごとなので、そういうもんだと思っていただきたい。だから、実にショボい例だが、「太陽が海に近づくとき、のび太くんがしずちゃんに近づく」は

$$\lim_{\text{太陽} \to \text{海}} \text{のび太くん} = \text{しずちゃん}$$

と書ける。lim なんかを使うと、ろまんちっくな光景が台無しな気がするが、とにかくこのように書ける。

さらにショボい例だが、「カレの鼻をちょっと高くすると、キムタクみたい」は

$$\lim_{\text{カレの鼻} \to \text{ちょっと高く}} \text{カレ} = \text{キムタク}$$

と書ける。ところで、以前こんな質問を受けたことがある。

「lim のあとはどうして ≒ ではなくて ＝ なんですか？」

う〜ん、ある意味、ごもっともな質問である。これは、
「カレとキムタクが似ている（≒）」と
「カレをちょっと変えたらキムタクと同じだ（＝）」
の違いである。lim をとったのに ≒ を使ったら
「カレをちょっと変えたらキムタクと似ている」つまり「ちょっとくらい変えても、まだ同じにならない」ことになってしまう。それじゃ全然似てないやんけ。記号 lim の中に「近づいたら」という表現が含まれるので、述語は「同じだ（＝）」でよいのだ。

…と、もっともらしい解説をしてみたが、日常語で説明するのには無理がありそうだ。

数学としては「＝」をつかうべし！

極限は（求まるときは）きちんとある値としてズバッと求まる。ズバッと求まるものには「＝」を使うべきだ。曖昧さは lim のなかだけに閉じ込めてしまおう。

では、関数 $y = \dfrac{x^2}{x} + 1$ を考えよう。この関数も $x = 0$ ではダメだろう[注7]。では x をゼロに近づけたらどうなるか。とりあえず式は、

$$\lim_{x \to 0} \frac{x^2}{x} + 1$$

は x が 0 に近づくときは、つまり、x は 0 ではないのだから約分してもいい[注8]わけで、約分すると、式は単に $x + 1$ にすぎない。で、これは 1 に近づくだろうと、簡単にわかる。よって、

注7)「$x = 0$ で値は定義されない」という。
注8)「0でないから」は割り算前の決まり文句。ムダだと思ってもゼロになるかどうかをチェックして、一言添えておくことを習慣にするとよい。

$$\lim_{x \to 0} \frac{x^2}{x} + 1 = 1$$

とするのである。lim を作用させることを「極限をとる」という。

極限は「〜を近づけると」という日本語を数学語に置き換えるための手段と方法を提供してくれている。つまり、

数学語に翻訳できる日本語が増えた

と考えよう。ある日常的な問題を解くための方法には複数のアイディアがあるだろう。そのアイディアには数学語に変換できるものとできないものがある。数学語の世界では、式処理のためのルールがきっちりと規定されているので、ルールさえ守れば人間にとってわかりやすい形にできる。所詮「人間にとって」わかりやすいかわかりにくいかの問題だということも注意しておこう。例えば $x^2 - 3x + 2 = 0$ と $(x-2)(x-1) = 0$ は数学的には全く同じ。なのになぜ変形するのか。$x^2 - 3x + 2 = 0$ ではパッと見て解がわからないからである。

5.3 「近づく」の数学語

Section 5.4
普通の値に近づけたら

$$\lim_{x \to 0} \frac{1}{x}$$

は、分母をゼロに近づけるから問題になった。よーするに分母がゼロになるとマズいのだ。では別に近づけても問題ない数だったらどうか。

> $y = 3x$ で x を 1 に近づけたら y はどうなるか。

式で書くと、

$$\lim_{x \to 1} 3x$$

だが、こんなもの、「3 に近づく」に決まってるだろ。それでいいのである。「3 に近づく」というのをオトナっぽく言うと、

「3 に収束する」

という。筆者が採点するのなら、「収束する」でも「近づく」でも、どちらでもいい。好みの問題だ。この場合も、「近づく、は、一致ではない」というポリシーは保たれている。一致ではないから代入するのはおかしいが、実際問題としては 1 を代入してしまえばいい。社会には本音と建前があるので、答案で「1 を代入して…」なんて書いたら、

速攻で、バツ！

そんなもんである。また、微妙だが y が「3 になる」と書いても、

喜んで、減点！

となる。だって、x は 1 に近づけるとは言ったけど、1 にするとは言ってないもん。だから、y は 3 にはならないの。

ガキか、お前は！

と怒りたくなるだろう。こんなふうだから数学教師はひねくれ者だと思われてしまう。でも、そういうものなのだ。受験生諸君は

くだらないけど、言い回しをマスターしないと点がなくなる

ので、信頼できる参考書や模範解答を、そういう言い回しに気を遣って読むようにしたらよいだろう。そもそも、このへんは日本語的な問題が多すぎる。で、一番厄介なのは、

入試問題や参考書まで、いーかげんなものがある

ことである。混乱の元凶はそこか！　という感じだ。
　というわけで、実にしょーもない話だが、

読者の側で、賢くなってもらうしかない。

　ほんと、しょーもなくてすまん。やれやれ。まあダメなものを遠ざければいいというものでもない。エロ雑誌を子供の目から覆い隠そうとしても、子供はどこかから入手してくるものだ。ダメなものをダメだと認識できることは、大人の証でもあるのだろう。

国語力の問題

　日本語の問題としては、例えば、訊き方の問題がある。
「$y=3x$ で x を 1 に近づけたら y はどうなるか」
で、最後が「どうなるか」でしょ。だから「3 になる」は間違いで、
「3 に近づく」が正解なんだけど、もし、
「$y=3x$ で x を 1 に近づけたら y は何に近づくか」
という質問の仕方だったら、「3 に近づく」はもちろん正解だけど、単に「3 である」でもいいよね。

　こんなことをマニュアル的に全部解説するのは不可能だしマヌケだし、覚える方だって無理だろう。だから、根本的な考え方を覚えて、あとは国語の問題として処理するしかない。数学には国語力が必須である。

　じゃあ、国語力のない人は数学の前に国語を勉強しなくちゃならないかというと、そうでもない。というか、そういう短絡的な発想はよくない。どうせなら、数学をやりながら、国語能力を磨こう。

　　　「数学を勉強するのではなくて、数学で勉強しろ」

とは、筆者の同僚のセリフだが、いいところを突いている。つまり、学問というのはつながっているのである。

　筆者は基本的に、膨大な量の数学を全て解説しようとはせずに、読者の

　　　　　　　一を聞いて十を知る

を発動してもらうことを期待して執筆している[注9]。「一」しか

注9)　筆者の狙っているセンをもっと正確に言うと「覚えるべき一をうまく選んで、十を知っているように見せかける」だなー。

聞かないからこそ、何を選ぶかが大事である（いや、実際問題としては、「どれを捨てるか」の方が大事である）が、「十を知る」で、別に

知る範囲を数学に限定する必要はない

ではないか。ケチケチせずに、数学をやりながら国語力を磨いてしまえ。答案は「学生から採点官へのお手紙」である。ドイツ人に愛を語るにはドイツ語を使おう。平安人に愛を語るには和歌を使おう。それと同様に、数学の答案は数学の世界のルールに合うように答案を作る。国語の答案は国語の世界のルールに合うように答案を作る。そうすれば採点官に評価してもらえるのだ。

Section 5.5
カッコつけの「有限確定値」

　「近づける」とは「一致しない」と述べたが、普通に有限確定値になる場合には、実際問題、代入してしまっても構わない。「有限確定値」って？　よーするに、「3」とか「5」とか、普通の値のことだよ。

だったら、そう言え！

そうですなあ。
　なんで、ついうっかり「有限確定値」と書いてしまったかというと、代入しちゃいけない場合ってのが、「無限の場合と確定しない場合」だからである。例を出そうか。無限ってのは、

$$\lim_{n \to \infty} n, \ \lim_{n \to 0} \frac{1}{n^2}$$

こんなヤツ。確定しないってのは、

$$\lim_{n \to \infty} (-1)^n$$

こんなヤツである。よーするに、

こーゆーヤツには、単純に代入したのでは答えが出ない。

こーゆーことが筆者の頭にあって、「こういうヤツ以外、こういうヤツ以外」と思ってると、代入していいのは、「有限確定値」となる場合、と書きたくなるわけだ。しかし、試験問題として出てくるのは、このパターンのものは少ない。それは考えてみれば当たり前で、

単純に代入で求められるようなヤツは、問題になるわけがない

からである。

よく考えてみると、有限確定値なんていう呼び名があるからには、「無限確定値」とか「有限不確定値」があるのでは？　と思ったりする人がいるかもしれない。

そんなものは、ないよ！

　「有限不確定値」は確かに「$(-1)^n$」なんかはそれにあたるかもしれないけれど、そんなふーには言わないのだからしょうがない。でもそれなら、

なんで、有限確定値の場合だけ「有限確定値」というのか

がナゾになる。これはどういうことか。

結局のところ、カッコつけ

である。とかじゃなくて普通の数値になるよ、ってことをエラソーに書いてるだけである。ではタネがわかったら、マネしてカッコつけて使ってみよう。マネていると、いつのまにか数学っぽい解答が書けるようになる。

$\lim\limits_{x \to 1} 3x$ の値を求めよ。

　［解答］与式は有限確定値に収束し、その値は 3 である。

　めちゃめちゃ偉そうだ。偉そうに書いてみても、それほど中身のある話ではないが、

こう書けるとカッコイイ

と思ったら、マネしよう。学ぶとはマネることなり。

Section 5.6
収束しないものたち

収束しないものをオトナっぽく言うと、「発散する」という。

[例題] $y = \dfrac{1}{x}$ で x をプラス方向から 0 に近づけたら y はどうなるか。
[解答] $+\infty$ に<u>発散する</u>。

[例題] $y = (-1)^n$ で n を $+\infty$ に近づけたら y はどうなるか。
[解答] 1 と -1 で<u>振動する</u>。

　発散は収束以外全部だから、振動する場合も「発散」のうちである。
　この場合も「発散」と言っていいのだが、解答としてはなんとなく「振動」と言ってみた。これはまさになんとなくなので、いーかげんなものである。発散という言葉はやっぱり「無限大」と相性がいい。ともかく、2点をころころ替わるような発散の仕方はなんとなく「振動」というのだ。
　というわけで、オトナの用語を3種：収束・発散・振動を紹介したが、以上は

単に、カッコつけ

なので、別に覚えなくてもよい。業界用語は

正しく使えばカッコいいが、ハズすと寒い

ので、ギャンブル派の人はぜひ正しく使う方に賭けてもらいたい。

Section 5.7
極限の計算①

極限の値を「極限値」という（そのまんまや）。極限はとりあえず微分と積分のために道具として使おうというだけなので、それほどつっこんだ議論をするつもりはない。とっとと進めよう。

極限の計算は、具体的には次のようにすればいい。

(1) 値が定義されているなら代入する。
(2) 代入によって不定形になる場合は、工夫してそうならないようにする。
(3) 代入によって分母だけがゼロになる場合には、その項は∞。
(4) $\frac{1}{\infty}$ はゼロとする。
(5) わからない場合は、素直に「わからない」とする。

本当は「わからない」ものを「わからない」と断言することに難しさがあるのだが、受験で問われる場合には

およそ解けるとわかっているもの

が出題されるので、受験に関してはほぼこれで求められると言ってよいだろう。解けるはずならばあとは隠された工夫を探すだけである。ただ、「工夫」を自分で見つけるのはほぼ不可能なので、これまでの数学者が苦労して編み出した先人の知恵を学び、自分のものとしておかなければならない。「不定形」とは、「$\frac{0}{0}$ または $\frac{\infty}{\infty}$」など、よーするに

よくわからない場合

である[注10]。「$\frac{\infty}{0}$ や $\frac{0}{\infty}$」は、よくわからないがよくわかる。$\frac{\infty}{0}$ なら「分母が小さくなり、分子が大きくなる」と考えれば∞になるだろうし、$\frac{0}{\infty}$ ならば「分母が大きくなり、分子が小さくなる」と考えれば0になるだろう[注11]。やはり問題となるのは $\frac{0}{0}$ や $\frac{\infty}{\infty}$ の場合である。

極限値は、求められるとか求められないとかの議論以前に、まず

あるかないか

で問題になる。実は極限が存在するのかどうかという問題は、極限値を求めることよりよほど難しい。さきに試験問題になっている場合は「何らかの工夫で解けることを前提としてよい」と述べたが、およそ一番難しいところは既に通過しているのである。極限値の求め方の中に「不定形は、『工夫してそうならないようにする』」などという微妙な表現があったと思うが、

・工夫しても無理だったらどうするの？
・それとも必ず工夫によってなんとかなるの？

という疑問だけ、まずは解消しておこう。

まず、不定形が解消できないという状況は

ありうる。

試験で出題されるかどうかはわからないが、この世に存在することは確

[注10]　1^∞ の不定形もある。単に 1^n なら $n\to\infty$ で 1^∞ になったところでただ1に行くだけだが、例えば $n\to\infty$ のときの $\left(1+\frac{1}{n}\right)^n$ は簡単には決まらない。$\left(1+\frac{1}{n}\right)$ は1に向かうが、n 乗の方は1から離れる方に向かっている。どちらが強く影響するのか、判断することは簡単ではない。こういうものを安易に決めつけず、わからないものは、わかるときまで「わからない」ままでおいておくことが大切だ。

[注11]　まあ、こういう断言は危険である。例えば $\dfrac{n}{\left(-\frac{1}{2}\right)^n}$ はどうだ。よくわからんよね。つまり、大ざっぱにひとくくりにするわけにはいかないのである。わからないものは「わからない」が正解。そして我々は「わかるもの」を扱おうとしているのである。

かだ。ある数式が不定形になるとして、その数式の「不定形がどう工夫しても解消できない」と宣言するのはどれほど難しいことだろうか。もしかすると思いもよらない工夫で解消できるのかもしれないし、自分がオールドタイプ(注12)なだけで、ニュータイプに覚醒(かくせい)している人はキラリと工夫が見えるのかもしれないからだ。いずれにせよ、どう工夫しても解消できない可能性はある。そして、不定形が解消できない場合は、「わからない」と答えるのが

とりあえず、「正しい」。

それでは、「不定形を解消する」とは具体的にはどういうことか。

多項式の場合には、約分できるということだ。

多項式でない場合（三角関数とか指数関数の場合）は約分のしようがないので、それぞれの方法をとることになるが、それはあとであらためて検討することにしよう。とにかく多項式の場合をおさえておく。

なお、日本語の問題として、

「∞」は数ではない

ので、極限「値」とは言わない。
［正］極限は、∞に発散する。
［誤］極限値は、∞である。

細かい点だが、

こういうところに数学センスがにじみ出る

ものなので、読者の皆さんはちょっと敏感になってもらいたい。採点官は「あら探し」のプロである。正しい言い回しの文章を読んでいる分には何も気にしないが、誤りの文章を見ると急にオヤッ？　と思うもので

注12)『機動戦士ガンダム』（株）サンライズ制作の近未来SFより。劇中で、宇宙に暮らすうちにいわゆる超能力を覚醒した人類を「ニュータイプ」といい、それに対して既存の人類を「オールドタイプ」と呼ぶ設定となっている。

ある。答案を「たぶん合ってるだろうな」と思って読んでもらうのと、「たぶん間違ってるだろうな」と思って読んでもらうのでは、（タテマエ上は差がないはずだが）現実的には少なからず差があると考えてもらって結構だ。ちなみに、入試問題の中には、「極限値を求めよ」で「∞」が答えになるものも存在する。厳密にはそれは出題ミスとも言えるが、採点する側はあちらなので、受験生はそれに合わせるしかない。立場弱いねぇ。くやしいけど。まあ、そういう問題を見かけたら

この問題、ダサっ！

と断罪しよう。その前に必ず、自分に計算ミスがないかどうか、もう一度チェックするようにしよう。

次の値を求めよ。
$$\lim_{x \to 1} \frac{x^3 + x^2 + 2}{x^2 + x - 3}$$

ためしに $x=1$ を代入してみると、$\frac{4}{-1} = -4$ で、別に問題ない。よって極限値は -4。

次の値を求めよ。
$$\lim_{x \to 1} \frac{x^3 + x^2 - 2}{x^2 + x - 3}$$

ためしに $x=1$ を代入してみると、$\frac{0}{-1}$ である。分母がゼロになると問題だけど、分子がゼロになる分には、別に問題ない。よって極限値は 0。

次の値を求めよ。

(1) $\lim_{x \to 0} \dfrac{x^2}{x^4}$ (2) $\lim_{x \to 0} \dfrac{x^3}{x}$

よーするに、分母がゼロになるとマズい。ごちゃごちゃしているものは、整理してやればいい。分数なら仮分数を帯分数（のようなもの）に直せばいいのだ。極限をとるということは、「ゼロではない」のだから、その「ゼロではないはずのもの」で約分しても全然構わないのだ。テクニックとしては

最高次の x で割れ

などと言われるが、早い話が約分である。

$$\lim_{x \to 0} \dfrac{x^2}{x^4} = \lim_{x \to 0} \dfrac{1}{x^2} = +\infty$$

$$\lim_{x \to 0} \dfrac{x^3}{x} = \lim_{x \to 0} x^2 = 0$$

とすればよい。常識的な結論だ。というか、

非常識な結論にたどり着くことは滅多にない

ので、そういう場合だけ気をつければいいのだ。

試験に出る順

例外には2種類ある。
「あまりにもよく出てくるから例外になっているもの」と、「滅多に出てこなくてどうでもいいが、歴史的理由で例外になっていて、どうでもいいから放っておかれているもの」だ。英語で

言えば、前者は例えばbe動詞である。実用を考えると、重要なのはあくまで前者で、後者はホントにどうでもいいのである。ここに外国人がいて、カタコトの日本語で、「靴下を着る」と言ったらどうだろう。「ああ、靴下はね、『履く』と言うんですよ」と

あたたかい気持ちで教えてあげる

気になるだろう。日本語では着衣を身につける場合の原則は「着る」であり、「履く」は例外である。そういう細かい例外を間違えたところで、誰もこの人がアホだとは思わない。むしろ、こちらの方が日本語の言い回しに例外があることを教えられる。逆に言えば、

原則を間違えると、アホかと思われても仕方がない。

もし大学入試の英作文で、解答用紙に「You is〜」と書かれていたらどうか。採点官としては他のどんな問題が正解だろうと、

「こいつは今まで英語の何をやってきたんだ？」

と思うだろう。もはやケアレスミスとか、そういう次元の話ではない。ハッキリ言って、その場で全部バツにして、0点にしたくなる。

　しかし、問題集や参考書や試験では、むしろ例外が多くの場所をしめる。当たり前だ。原則はこれ、と書けば終わりなのに対し、例外は「あの場合は」「この場合は」と量が増えていく。ここでよく認識しておいてもらいたいのは、原則と例外の比率の問題である。「試験に出る順」は入試対策として非常に有用な手段ではあるが、使う側がそれを「重要な順」と勘違いしていたら全然ダメだろう。

まずは「原則」をよく練習することである。

「原則だけじゃ、試験に通らないですよ」というのは、確かにその通りだ。しかし、原則は骨組みにあたるもので、それがしっかりしているからこそ、例外を肉付けしていくことができるのである。「試験に出る順」は、使い方を間違えると砂上の楼閣を築いてしまう両刃の剣なのである。

もちろん、「まずは原則をよく練習することだ」と書いたからといって、筆者が「原則だけを練習しろ」という意味で使っていないことは、もう読者の皆さんはおわかりだろう。基礎は基礎だけをやっていても身につくものではない。もはや耳にタコだとは思うが、

基礎は応用の応用

である。例外が出てくるたびに「どこが原則と違うのか」をチェックすることで、

例外を学ぶたびに、原則の理解が深まる

ように持っていこう。

$f(x) = \dfrac{x^3 + x^2 + 2}{x^2 + x - 2}$ のとき $\lim_{x \to 1} f(x)$ を求めよ。

$f(x)$ にためしに $x = 1$ を代入してみると、$\dfrac{4}{0}$ で、

分母がゼロになる。こーゆーのが、マズいのだ。

分子は4[注13]だけど、分母がゼロになってしまうのは問題だ。実は分母は $(x+2)(x-1)$ だから、
　x が1より大きいところから1に近づく場合と、
　x が1より小さいところから1に近づく場合で、
分母の正負が違うことになる。1より大きい場合は

分母が正のままで、だんだん小さくなることをイメージすると

$f(x)$ の値はどんどん大きくなって $+\infty$ になるだろう。$+\infty$ になるということは、逆に、この場合「極限値は…」じゃなく「極限は…」というべきだ。$+\infty$ になるという結果から、手前の文章の言い回しを変えなくちゃいけないような、

係り結びの法則[注14] が成り立つ

のは非常にうざったいと思うが、

∞は「数」じゃなくて、「やたらでかい」ことを表す単なる記号

だということを、よく心に刻んでおくことだ。1文字で「∞」と書くから a とか7とかと似たように考えてしまうのも無理はないが、数と数じゃないものの差は、「017とレイナちゃん」くらい違うので、むしろ

「間違えたら恥ずかしい」系の話

と思おう。一方、1より小さい値から1に近づく場合には、分子が負のままでどんどん小さくなることをイメージすると $-\infty$ 方面になりそうだ。これも、

人に言うときは「極限は $-\infty$」と言う

んだろう。で、同じ値 ($x \to 1$) に近づけたのに、その近づけ方によっ

注13)「近づくとき」を扱うから、「4ではないけど4近く」が正確なところだが、別に符号が変化するわけでもないから、あまり細かいことは考えなくていい。
注14)「古文」での法則だよ。数学じゃないよ、これは（笑）。

て2通りの極限値（極限）が出てしまう場合には、

極限値はない、と答える。

実は、「1より大きいところから近づいたら…」という意味を込めて、$x \to 1+0$ と書いて、

$$\lim_{x \to 1+0} \frac{x^3+x^2+2}{x^2+x-2} = +\infty$$

と主張することもできる。この場合はもちろん極限が一つに決まる。なお、1より小さいところから近づいたことを主張する場合は $x \to 1-0$ とすればいい。それにしても、こういう背景を知らない人がいきなり「$x \to 1+0$」を見たら、

1＋0って何じゃ？　1じゃん？

と思うことだろう。うーん、その主張は、合ってる（笑）。
　しかし、笑ってる場合じゃないだろう。「＋0」は考えてみると

これでいいのか？

って感じの記号である。「＋0」は普通の「＋」と「0」ではない。なぜなら、普通の＋なら

計算していいはずだから、1＋0＝1

としてしまってもいいはずだ。しかし今回は、そうやってしまうとおかしなことになる。つまり、「今回は違う意味を持っている」のだ。ということは、

「＋0」という新しい記号を作った

と解釈すべきだろう。背景の話をなにげなく聞いていると、つい、「なんとなくこういう記号にしたくなる気持ちもわからんではないなあ」とか「数学って、そーゆーものなのか」とか思ってしまいがちだが、よーく考えてみるとこの記号は

もしかして、失敗作

ではないだろうか。なぜなら「まぎらわしい」からである。「＋0」といういかにも足し算みたいな顔をしておきながら、足し算ではないのだ。これを見て「プラス方面からゼロに近づく」と解釈するには、この記号を決めた経緯を知らないとワケがわからない。「数学は語学」である。言語において、経緯を知らないと意味が通じないような記号は極力避けるべきだろう。「＋0」なんてショボい記号を作らないで、むしろ「$x\to 1$」の「→」を変えるべきだったのではないだろうか。新しく記号を2つ作って、「プラスから近づく矢印記号」と「マイナスから近づく矢印記号」にしたらよかったのではないだろうか。例えば「＋→」みたいな。これだったら「プラスから近づける」って気がするじゃない。ねぇ。

なーんて、言ってみたところで、

もう世間は変えられぬ。

いーかげんだろうがまぎらわしかろうが、ここまで流通しているものを変えるわけにはいかないので、どこかの人がマヌケな記号を考えたせいで、後から学ぶ人がずっと

マヌケの後追い

をすることになっているのである。それにしても数学を漏れなく理解するのは大変だなあ、と思わざるを得ない。

$$\lim_{x\to 1}\frac{x^3+ax^2+2}{x^2+x-2}=b$$
が成り立つとき、定数 a、b の値を求めよ。

分母は $(x-1)(x+2)$ と因数分解できる。$x=1$ を代入して何が問題かというと、この $(x-1)$ のせいで分母がゼロになってまずいこ

とになるのだ。lim をとった結果、b という有限確定値に落ち着いていることから推理する[注15]と、「分子にも因数に $(x-1)$ があって、うまい具合に割り切れるハズ」と考える。というわけで組立除法[注16]で割り算してみると、

$$
\begin{array}{rrrr|r}
1 & a & 0 & 2 & \underline{1} \\
 & 1 & a+1 & a+1 & \\
\hline
1 & a+1 & a+1 & | a+3 &
\end{array}
$$

より、分子は

$$x^3 + ax^2 + 2 = (x^2 + (a+1)x + a+1)(x-1) + a+3$$

となる。余りはゼロになるはずだから、簡単に $a = -3$。a が出ればあとは代入して b を出すだけだ。あらためて $a = -3$ として、

$$(\text{分子}) = x^3 - 3x^2 + 2 = (x^2 - 2x - 2)(x-1)$$

つまり、与式は

$$\lim_{x \to 1} \frac{(x-1)(x^2 - 2x - 2)}{(x-1)(x+2)}$$

にできる。$\lim_{x \to 1}$ は「x は 1 にはならないよ」という意味でもあるので、$(x-1)$ で約分してもよい。というわけで、

$$(\text{与式}) = \lim_{x \to 1} \frac{\cancel{(x-1)}(x^2 - 2x - 2)}{\cancel{(x-1)}(x+2)} = \frac{-3}{3} = b$$

よって、$b = -1$ になるわけだ。

注15) この「推理する」という姿勢が大事。
注16) 古来より伝わる、多項式の割り算の方法。

Section 5.8
極限の計算②

ここで極限の計算について整理しておこう。普通だったら

極限を紹介したすぐ次に

これをやるのだが、筆者はある程度手を動かして慣れてもらってからの方がいいと思うのでこのような構成にしている。

ところで、「新しい演算子や新しい関数のようなもの[注17]」を作ったら、次に「その計算法則、とくに加法と乗法がどうなるかを調べておく」というのが

定番中の定番のパターン

なので覚えておくとよいだろう[注18]。これを用意しておくことで応用の幅が劇的に拡がる。大人の知恵である。

例えば微分もさりげなくそうやっていた。

$$(f+g)' = f' + g'$$
$$(fg)' = fg' + f'g$$

ねっ。まずは加法と乗法をおさえて、これに $f(g)$ などの「その演算子なりの特殊ルール」があればそれを加えるのだ。

ルートの場合はどうだったかというと、

$$\sqrt{a+b} = 変形不能$$
$$\sqrt{ab} = \sqrt{a} \cdot \sqrt{b}$$

注17) lim は関数と言っていいのかもしれないけど、正直よくわからない。
注18) C++ などのプログラミング言語でも、クラス（構造体）を作ったら次に演算子のオーバーロードを考えるよね。

ルートの場合はこれに加えて「$a \geqq 0$ のとき $\sqrt{a^2} = a$、$a < 0$ のとき $\sqrt{a}$ は未定義」という特殊ルールがあるんだよね。

では lim はどうか。

$\lim \alpha$、$\lim \beta$ がともに存在すれば
$$\lim \alpha + \beta = \lim \alpha + \lim \beta$$
$$\lim \alpha\beta = \lim \alpha \cdot \lim \beta$$
※極限を考える変数（$h \to 0$ のようなもの）は全て同等の場合の話。

ということで、極限の計算自体は素直なのだが、その前に変な条件がついている。

「$\lim \alpha$ と $\lim \beta$ がともに存在すれば」って何だよって話だ。「バラしたときにそれぞれが極限値を持たないようなモノはバラしちゃいけないよ」ということなのだが、これはさりげなく難しい。難しいというより、めんどくさい。「無限」がからむ話は「なぜ？ なぜ？」と突っ込まれ続けると結局

じゃあまず、「実数」が何かについて考えましょう

みたいな哲学的な話に突っ込んでいかざるを得ない。

そういう話は大学でやってもらうとして、ここでは実用上の問題を考える。普通に $\lim\limits_{x \to 0} x \cdot \dfrac{1}{x}$ は 1 だと思うが、次のような変形をすると

$$\lim_{x \to 0} x \cdot \frac{1}{x} = \lim_{x \to 0} x \cdot \lim_{x \to 0} \frac{1}{x} = 0 \cdot \infty \quad \text{はあ？}$$

と、必ずおかしなことになる。ルートの場合にも「$a \geqq 0$ のとき」といった条件がついていたが、ルートの場合と異なるのは、ルートの場合は計算を実行する前に条件を吟味できるのに対し、lim は計算してみてからそれを無効化するかどうか考える、ということにある。

…と断言したものの、ルートにしても lim にしてもそこまで特別なことをやっているわけでもないし、難しい話でもない。「お金を払えば飯

をくわせる」が普通とすれば「見積もりしてもらって、修理できそうならお金を払う。ダメそうなら払わない」が lim である。このような計算は、したがって

まずは計算用紙に書くべきだ。

物事は事前に予測のつくことばかりではない。挑戦してみなければわからないこともままあるのだ。上でうまくいかなかった式変形を冷静に眺めてみると、問題となった lim の中の $x \cdot \frac{1}{x}$ のところは、これってゼロと無限大のケンカだよね。素朴に考えて、

ラオウとケンシロウの闘いをうっかり仲裁するのは危険すぎる

ということである。

このあたり実は深い話の入り口で、例えば $\lim_{x \to \infty} \frac{x}{\log x}$ なんてのはどうだろう。これも言ってみればゼロと無限大のケンカ ($\frac{1}{\log x}$ 対 x) である。この極限は∞になるが、すなわち「$\log x$ から作られるゼロが、x から作られる無限大に負ける」ということで、

ゼロや無限大にも「強さ」があるんだなあ

と思える。この「強さ」というのは数学用語ではない。数学用語では「収束が早い」とか「遅い」とかで表現し、例えば「$\log x$ の方が x よりも発散が遅い」とか言う。ゼロや無限の強弱について論じ始めるとまたキリがなくなるので、とりあえずここでは「バラしたときにそれぞれが極限値を持たないようなモノはバラしちゃいけないよ」を教訓としておくにとどめておこう[注19]。

注19) 前述のとおり、このあたりをちゃんと納得いくように説明するためには、結局「実数とは何か」みたいなところまで戻って理論を構築していく必要がある。大学の数学ではそういうことをやるわけだが、いきなり式変形の海に飛び込むとだいたいは溺れてしまうので、まずは『魅了する無限』(技術評論社) などの読み物で澪標 (海の道しるべ) を得ておくとよいだろう。

ところで、$\lim_{x \to 0} x \cdot \frac{1}{x}$ は $\lim_{x \to 0} x \cdot \lim_{x \to 0} \frac{1}{x}$ に分割できないからといって極限値が求められないわけではない（極限値は 1 だよ）。条件に合わない場合は「このルールが使えない」というだけのことであって、それ以上のこと（例えば極限値が存在するかどうかとか、求められるかどうかとか）には全く言及していないことに注意しよう。定理なり公理なりが言及していること以上の期待をかけてはいけない。ブラック企業でコキ使われないためにも、就業規則と数学はあらかじめ契約内容をよく確認しておくことである。

Section 5.9
極限の計算③

極限値でひとつだけ覚えて欲しいものがある。それは、

$$\lim_{x \to 0} \frac{\sin x}{x} = 1 \qquad (x はラジアン)$$

という公式である。もちろん「こんなのがなぜ1なの？」という疑問もあろうが、ここでやりたいのは、これを道具として使う「使い方の練習」である。

理由なく、コーチを信じることも、たまには必要

「たまには」ね（笑）。
　というわけで、

$$\lim_{x \to 0} \frac{\sin x}{x} = 1$$

であるというところは、理由なく認めてもらうことにしよう[注20]。ところが、これをこのまま覚えても使いものにならない。ここが、

まじめな女の子[注21] **を撃墜するポイント**

になっている。筆者が見る限り、公式をそのまんま覚えてるヤツは、

十中八九、数学ができない。

しかし、かわいそうなのは、

教科書には、いかにも「覚えなさいよ」みたいな顔して

注20）と、書いたものの、やっぱり理由を Chapter 9 に書いておいた。気が向いたら参照して欲しい。
注21）筆者の偏見です。

公式が載っている

ことである。つまり、まじめな人を撃墜する土壌ができているのだ。なんてこった。

ではこの公式はどうやって記憶すればいいのかというと、次のようにする。

---
sin x/x の極限値

$$\lim \frac{\sin \square}{\square}$$

は、この 2 カ所の□が「同じもの」で、かつ、
極限操作を行ったときに、□もゼロに向かっていくとき、
はじめて 1 になる。そうじゃないときは 1 にならない。

とりあえず、次の問題をやってみよう。

次の値を求めよ。

(1) $\displaystyle\lim_{x \to 0} \frac{\sin x}{x^3}$ (2) $\displaystyle\lim_{x \to 0} \frac{\sin x^2}{x}$

我々には解決の道具として、

$$\lim_{x \to 0} \frac{\sin x}{x} = 1$$

しかないのである。ということは、

ムリヤリこれを作る

ことに尽きる。というわけで、1 問目は、

$$\lim_{x \to 0} \frac{\sin x}{x^3} = \lim_{x \to 0} \frac{\sin x}{x} \cdot \frac{1}{x^2} = \infty$$

という具合になる。前半は 1 に、後半は∞になるので、掛けると∞にな

5.9 極限の計算③

る。2問目は教科書的な公式通りの

$$\lim_{x \to 0} \frac{\sin x}{x} = 1$$

を作ろうとしても無理だ。sin の中身を変えるのはタイヘンなのである。しかし実はそんなタイヘンなことはしなくていい。よーするに sin の中身と分母が揃っていて、そいつらがゼロになればいいだけなので、sin の中身を変えるのはあきらめて、分母の方を変えて sin の中身と同じになるようにしてやろう。すなわち、ここでは x^2 に揃えることを考える。

$$\lim_{x \to 0} \frac{\sin x^2}{x^2} \cdot \frac{x}{1}$$

とする。聞けば簡単でしょ。こうすれば前半は 1 に、後半は 0 になるので、掛けると 0 になるとわかる。でもこれは

かなりムリヤリな式変形

だと思うし、自分でやるには「慣れ」が必要だと思う。難しいネ。でも、

難しいワザだからこそ、できるようになるとカッコいい

ので、ちょっとがんばって練習してみよう。慣れが必要ということは、ちょっと慣れると、

こんなことに苦労していた昔の自分がなつかしい

と思うくらいに、軽くできるようになるハズだ。筆者の言うことが信じられない人は、ハンドルを力一杯握っていた、自転車に乗れない頃の自分を思い出そう。

この「ムリヤリ」な式変形を行うには、

強い意志とゆるぎない自信が必要

である。三角関数のからむ重要な極限は

$$\frac{\sin x}{x} \text{を基盤にするしかない}$$

のだから、強い意志をもってムリヤリこのカタチを作って欲しい。
　もう少し練習しよう。

> 次の値を求めよ。
> $$\lim_{x \to 0} \frac{\sin 2x}{x}$$

$\sin$ の中身を x にするか、分母を $2x$ にするかすれば、道具が使えるカタチになる。

$$\lim_{x \to 0} \frac{\sin 2x}{x} = \lim_{x \to 0} \frac{\sin 2x}{2x} \cdot \frac{2}{1}$$

で、前半は 1、後半は 2 だから、掛けて「2」が答え。

　三角関数を知っている人は、

$$\sin 2x = 2 \sin x \cos x$$

という式を知っているかもしれない。もし知っていれば、$\sin$ の中身を x にする方法も使える。このときは、

$$\lim_{x \to 0} \frac{\sin 2x}{x} = \lim_{x \to 0} \frac{\sin x}{x} \cdot \frac{2 \cos x}{1}$$

となり、前半は 1、後半は 2 だから、掛けて「2」が答えになる。どちらの方法でやっても、当然同じ値が得られる。

> 次の値を求めよ。
> $$\lim_{x \to 0} \frac{1 - \cos 2x}{x^2}$$

まずは x にゼロを入れてみよう。もちろん $\frac{0}{0}$ の不定形になる。仕方

ない、何らかの工夫が必要のようだ。問題は cos だが、我々の道具は sin しかない。どうするか。

ムリヤリ sin にする。

こればっかりだ。三角関数の式変形はいろいろなパターンが考えられるが、ここでは $\cos 2x = 1 - 2\sin^2 x$ を使おう。これならムリヤリ sin にすることができる。

$$\lim_{x \to 0} \frac{1 - \cos 2x}{x^2} = \lim_{x \to 0} \frac{2\sin^2 x}{x^2} = \lim_{x \to 0} 2 \cdot \left(\frac{\sin x}{x}\right)^2$$

となるので、結果は 2 となる。

以上見てきたように、ムリヤリ

$$\lim \frac{\sin \square}{\square} \quad (\square はゼロに収束)$$

に持っていこうという姿勢が重要なのだ。

なぜムリヤリにでもこのカタチにしないといけないかというと、

このカタチしか、解けないから

である。これに尽きる。

「走り高跳び」で、記録のレベルが低いうちは、「背面跳び」でも「正面跳び」でも自分が飛びやすく記録の出やすい跳び方で跳べばいい。しかし、世界レベルの記録になると「背面跳び」でしか出ない。何事も、レベルが上になると、だんだん道筋が限られてくる。逆に、道が限られてきたということはレベルが上がったということでもある。だから、読者の皆さんは、

数学的に、もう、かなりハイレベルなことをやっている

と認識すべきであろう。え、そんな気がしない？　そんなことはないの

だよ。子供の頃に「18歳のお兄さん」とかいったら、とてもオトナに見えたでしょ。でも、なってみるとたいしたことなかったのでは？

これは、

たいしたことないのも事実、オトナであるのも事実

と考えよう。だから、過剰に卑下したり、偉ぶったりせずに、「謙虚かつ大胆に」数学や人生の問題に立ち向かって欲しいものだ。というか、筆者自身にもそれは言える。

これで極限の話は一段落とする。長かったね、お疲れさま。コーヒーでもいれてあげたい気分だよ♡

本の信用度

　117ページで某問題集の解答に文句をつけているが、よーするにひとつの主張を

安易に信じちゃいけないよ

ということだ。きっとどの本も、きっと間違いはないように期待して作られている（と信じる）が、どこに誤植があるかもわからない（ちなみに、筆者の本の誤植情報は http://www.medaka-college.com/ で公開している）。

　しかし、できる人が「○○って本はいいんだけど、間違いが多いんだよねー」などと偉そうに言ってるのを聞くのは腹立たしい。そんなことを言って初学者を惑わすくらいなら、

じゃあお前がなんとかしろよ

と言いたくなる。惑わされてしまいがちな子羊さんには申し訳ないが、入門には

大きな気持ちが必要

だと知って欲しい。筆者はわりと優しさを取り繕っている方だが、世の中には優しそうに見えてオニだったり、またはその逆もある。いずれにせよ、一冊の本に頼るのは危険なのだ。入門したいなら、同じ内容の本をたくさん買う覚悟をしよう。世の中には「この本を終わらせないと次に行けない。私は完璧主義なの」などとワケのわからない主張をする人

がいるが、そういう完璧主義は

チンケな完璧主義

と知ろう。そういう

**ラーメンの汁を必ず最後まで飲まなければ
気がすまないような完璧主義**

は、糖尿病になっておいしいラーメンを二度と食えなくなるのがオチだ。別にたまにはラーメンの汁を飲み干すのもいいだろう。しかし、「いつでもそれをしなきゃ気がすまない」という、誰に強制されたわけでもないのにいらん拘束を自分に課して、それによって身動きがとれなくなるような自虐嗜好からは脱出しよう。病気になるのは勝手だが、数学に関しては筆者の責任として、ぜひ脱出して欲しい。一冊の本にこだわるな。理解できない記述は、読者の側に問題があることもあるし、作者に問題があることもあるし、どちらの側に問題がなくとも出会うタイミングが悪いこともままある。わからなくなったら読み飛ばし、それでもわからなければ次の本に行けばいいのである。それは

筆者の本についても例外ではない。

ワナビブnコマ劇場(nは自然数)

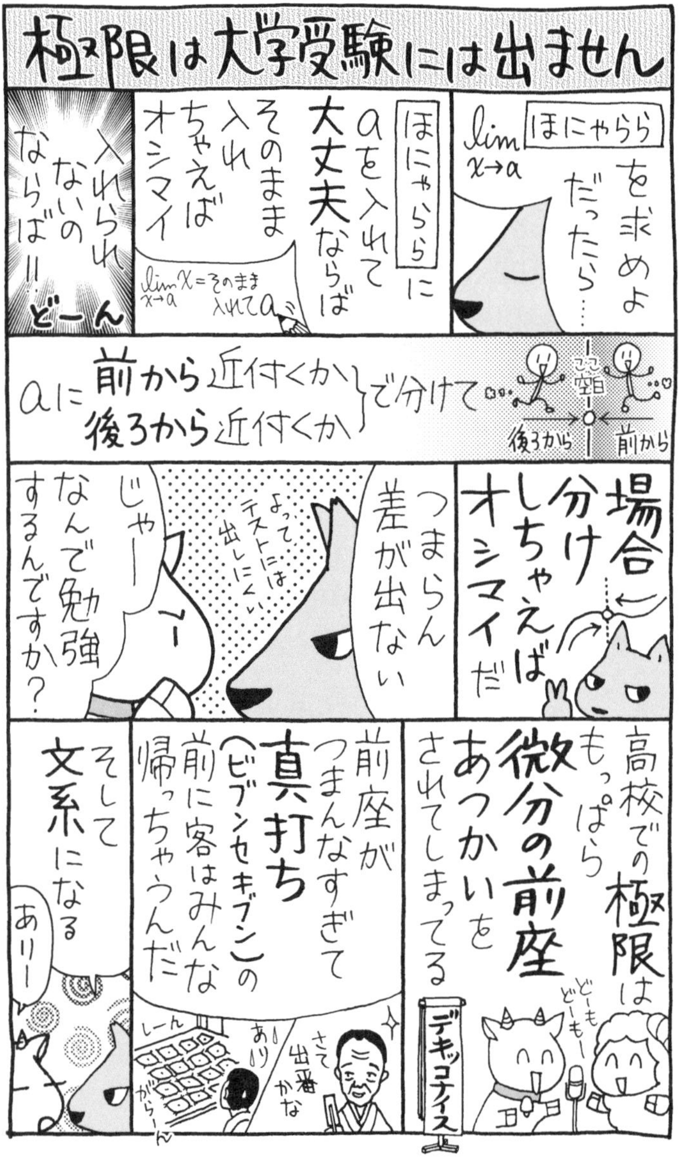

Chapter 6
再挑戦の微分

Section 6.1
微分のアイディアの実践

極限の知識を得たことで、我々はさきのアイディアを実現する道具を

やっと

得たことになる。そのアイディアって、なんだっけ。

> **傾きを求めるアイディア**
>
> 関数 $y = f(x)$ で、「ある x」における接線の傾きを求めたいときは、
>
> $$\frac{f(x+h) - f(x)}{h}$$
>
> で、h をゼロに近づければいい。

$f(x+h) - f(x)$ でいきなり何をやってるかわからなくならないでね。単に x のところと $(x+h)$ のところの y 座標の差だよ。結局は傾きだから、

$$\frac{y座標の差}{x座標の差}$$

というつもりで式を作ってるだけだよ[注1]。

これはもう、記号「$\lim$」をやったので、完全に式にできる。

$$(ある x における接線の傾き) = \lim_{h \to 0} \frac{f(x+h) - f(x)}{h}$$

では、このやり方で本当に傾きが求められるのか。まずは多項式の場合で試してみるとしよう。

注1) 関数に $(x+h)$ みたいなものを代入すると、結構複雑になりがちだけど、複雑さに負けないでもらいたい。「所詮、傾きだ」と思っていれば乗り切れる。とりあえずここでは h という文字を使っているけど、別に a だって k だって、なんでもいいんだ。違ってもビビらないように。

> 2次関数 $y = x^2 + 1$ 上の点 $\mathrm{P}(a,\ a^2 + 1)$ における接線の傾きを求めよ。

点 $(a,\ a^2 + 1)$ と点 $(a + h,\ (a + h)^2 + 1)$ の傾きを考えると、

$$\frac{(y 座標の差)}{(x 座標の差)} = \frac{((a + h)^2 + 1) - (a^2 + 1)}{(a + h) - a}$$

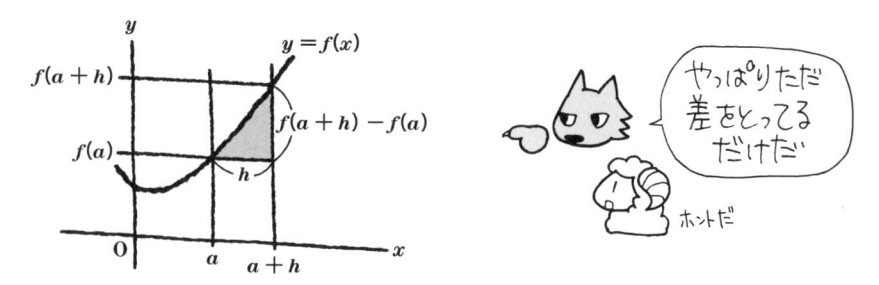

傾きは、この h をゼロに近づければいい。まずカッコだらけの右辺を整理すると、

$$\frac{h^2 + 2ah}{h}$$

で、このあと h をゼロに近づける…ということは「h はゼロではない」という理屈で約分していいことになるので、約分するとこの式は結局

$$\frac{(y 座標の差)}{(x 座標の差)} = h + 2a$$

まで簡単になる。この式であらためて h をゼロに近づけると

$$\lim_{h \to 0} h + 2a = 2a$$

ゆえに、傾きは $2a$ となる。

というわけで、無事に傾き $2a$ が出てきた。これは、前の結果 (102ページ) と一致している。一例を確かめたくらいでこれで正しいなんていうと、

6.1 微分のアイディアの実践

わたしはこれで成功した

っていうダイエットの成功例を鵜呑みにするような主張になってしまう。

そりゃアンタは成功したかもしれないけどね

みたいな話だ。これでは

ちっとも証明したことにはならないのだが、

一応、微分はこれでいいということになっているので、これでいいということにしておこう（笑）。気になる人は、自分で2通りの方法で「傾き」を求めて比較して、気が済むまで試してみて欲しい。

Section 6.2
微分の定義

ポイントは、極限によって「近づく」という日本語を数学語に換えることができるので、「傾き」の式をちゃんと書けるようになったということだ。

$$(ある x での傾き) = \lim_{h \to 0} \frac{f(x+h) - f(x)}{(x+h) - x}$$

とすればいい。ところで、ここでいわゆる教科書的な微分の定義（導関数の定義）を紹介しよう。

> **導関数の定義**
>
> 関数 $f(x)$ 上の点 $(x, f(x))$ における傾きを表す関数を導関数といい、導関数を求める作業を微分と呼ぶ。このとき、導関数 $f'(x)$ は、
> $$f'(x) = \lim_{h \to 0} \frac{f(x+h) - f(x)}{(x+h) - x}$$
> で与えられる。

「導関数」という用語が登場している。導関数 $f'(x)$ は、見ればわかるように、

ある x における傾き

を表している。別にそれだけのことだ。傾きの式を作ればいいのだから、次のように書いてもいい。

$$f'(x) = \lim_{a \to x} \frac{f(a) - f(x)}{a - x}$$

上ではとりあえず a としたが、別に b でも c でもなんでもいい。

教科書にはもう一つ「微分係数」という用語が登場する。定義はこん

なのである。

微分係数の定義

関数 $f(x)$ について、極限値
$$\lim_{x \to a} \frac{f(x) - f(a)}{x - a}$$
が存在するとき、これを $x = a$ における微分係数といい $f'(a)$ で表す。またこのとき「$f(x)$ は $x = a$ で微分可能である」という。

微分係数は、早い話が

$$f'(a) \text{ のこと}$$

なのだ。このあたり、わかる人にはわかるのだが、わからない人はわからなくなりがちで、その理由としては「記述上のわかりにくさ」と「用語そのもののわかりにくさ」の合わせ技だからである。どちらかに苦労がない場合はサラっと理解できたりするのだが、まあ、わかっている人もせっかくだから「混乱のパターン」につきあって、来るべき「次の敵」への備えとしてもらいたい。

まず記述上のわかりにくさについて。lim は「h をゼロに近づけると」のような表現をとるために「仮の変数」を出さなければならない。新しく仮の変数を立てることもあれば、今までの話の流れで式の中の一つの変数を動かすこともあるが、大事なことは

動かした変数は、lim の外には出てこない

ということである。微分係数の定義で示した式は lim の中に「x と a を含む式」が入っているわけだが、lim で「x を動かす」ということは、その結果には「x は含まれなくなる」のである。

…なんか、文字にするとすっごくメンドクサイ感じするけど、これって当たり前じゃない？「x を○○に近づけたらどうなる」って話をしているのに、答えに x が含まれていたらおかしいよね。こういう「lim の中だけで通用して、その外には出てこない変数」をコンピュータ用語

で「局所変数[注2]」という。局所変数でない変数（lim の外に出てくる変数）を「大域変数[注3]」というが、一般に

局所変数と大域変数で同じ文字を使うのは、センスに欠ける

と言わざるを得ない。誰が考えても、まぎらわしく、ミスのもとである。そして

ここではまさにその悪い例

なわけだ。

　まあ本書だけならもっとわかりやすくもできるような気がするが、数学書にはよくあることなのでそのままにした。私もそうだが、著者は執筆時には思い込みが強すぎるから、局所変数と大域変数を取り違えるという馬鹿なことは想像もできないのである。しかし執筆者も「10分後の自分は他人」で、自分で書いて自分で間違ったりする。したがって読者が間違えたからといって頭が悪いわけではなく、そんなことで自信を失う必要は全くない。

　一般的な高校の教科書では、微分係数の定義を先にやってから導関数の定義を出す。筆者は「微分係数ってのは $f'(a)$ のことだよ」と言いたかったので先に導関数の定義を出した。なぜ教科書では微分係数の方を先に出すのかというと、そちらの方が条件が緩いからである。

微分係数ってのは1点の話。導関数ってのは任意の x の話。

つまり、いずれも「傾き」を表す式なんだけれども、微分係数の場合にはある1点（上の定義では文字 a）、導関数の場合には文字 x がうまく残るように局所変数と大域変数が選ばれているわけである。

　どこかに書いたが、ポチを犬と思い込むのは危険なように、「x が出てくれば関数」みたいな思想は危険なのだが、そうはいっても

注2) 英語を混ぜて「ローカル変数」ともいう。数学用語としては「束縛変数」が正当だと思うが、この場合の「この場所だけで通用する」というニュアンスは局所変数の方が的確と思っている。
注3) これもコンピュータ用語。グローバル変数ともいう。数学用語では「自由変数」である。局所変数との対応でここでもコンピュータ用語の方を採用した。

やっぱりポチと言えば犬だろう

という「常識」に引きずられるのが人情というものである。その人情の部分を覆い隠しながら「微分係数」とか「導関数」とか言っているわけだ。

このように考えてくると、次の「用語そのもののわかりにくさ」が見えてくる。微分係数というのは $f'(a)$ のことで、それはつまり「ある1点での傾き」なのだが、はたして「ある1点の傾き」ということが哲学的に成立するのか？ ということである。

$y = x^2$ みたいな曲線に対して「(2, 4)での傾き」というのはムリヤリな気がしないでもない。正しく言おうとすると、「(2, 4)における接線の傾き」となるだろう。筆者は別に前者でもいいじゃんと思うのだが、このあたりちょっと悩ましい。だってやっぱり「傾き」って基本的に2点から求めるものだよね。このあたりの

微妙なニュアンスの違いを正確に伝えるための
「大人の知恵」が、専門用語というもの

である。だから理解としては「傾き」でいいんだけど、とくに学生諸君はちょっと背伸びして「$x = a$ での微分係数は…」と言うようにしよう。その方がきっとカッコイイ。

ところで、「1点での傾き」みたいな哲学的な議論が生じてくる背景について、そろそろその構造に慣れて欲しいので、ここでちょっと説明する。まず人を不思議な気分にさせるのは実はそう難しいことではなく、言葉の定義で矛盾するものを組み合わせるとよい。例えば「赤い白馬」とか「一匹の魚の群れ」とか。こういう文を見て「矛盾である、終了」とはなぜかならず、白い馬が夕日に映えて赤く見えている絵とか、群れがみんな死んで一匹だけ生き残った魚とかを

勝手に想像して不思議な気分になる

ものである。したがってこういう文は小説や演劇のタイトルに使われた

りするわけだ。で、ここでの「1点での傾き」もそれに近い感じがするわけだが、それを

文学的な不思議と一緒にしてはいけない。

「ある1点の傾き」は日本語から数学語に翻訳する際に「定義がズレる」ことにより生じた不思議さである。つまり我々は日常語的な意味で、あるいは、一次関数的な意味で「傾き」という言葉を使ってきた。その意味で使っている「傾き」は、「曲線になんか使えない」というのが正当だろう。しかし「曲線に対しても傾きを考えたい」という要求から、「そんなら傾きの定義を変えましょう」ということで、「これからは極限値が傾きってことでヨロシク」となっている。つまりこのタイミングで

定義が変わっている

のである。

傾きの定義を変えたところでだいたいの場合は、定義が変わっていることを意識しないですむはずである。「A に使っていたものを A にも B にも使えるようにしましょうよ」という話の流れなのだから、そんなのはあたりまえだと思って欲しい。そのついでに「あたりまえ」にしてほしいのは、だいたいの場合はうまくいくけど

重箱の隅的にうまくいかない場合が生まれてくる

ということである。この場合で言えば、定義が変わっているのに昔の定義を持ち出してきて、「1点なのに傾きって、ハテ？」となってはいけないということだ。

さてこうなってくると、導関数や微分係数に対して「傾きなんだったら傾きって言えよ」と言いにくくなってこない？ 既存の言葉に新しい定義を与えたとき、そのままその単語を使い続けることもあるけれど、

新しい概念には新しい言葉を与えた方が誤解が少ない

という面もある。そんなわけでここでは、昔の偉い人は、「傾き」では

なく「微分係数」を作ったんだよね。

　というわけで、わかっている人には無駄な話だったことと思うが、筆者は学生時代にこのあたり悩んだことを思い出しつつ詳しく語ってみた。前述のとおり専門用語とは微妙なニュアンスの違いを正確に伝えるためのものであるが、逆に言えば、専門用語の説明には「微妙なニュアンスの違い」を言わないといけないだろう。微妙なニュアンスは「微妙」なんだから

説明をていねいにしないと伝わらない

ということである。教科書には必要なことは載っているが、ていねいさは足りないと思う。

　筆者の説明でわかってくれると嬉しいが、いずれにせよこの部分の理解というのは読者の数学の才能の問題ではなく、教える側のていねいさの問題である。もし混乱させてしまったら、それは教える側の責任である。結局のところ、

なんだ、その程度か

と思えばよし。そういうふうに「見下すかたちで」理解できたら、今度は自分でも専門用語を使ってみよう。教科書や参考書の解答例のような言い回しを自分の答案でもマネてみよう。マネてるうちに自分の言葉になる。学ぶとはマネることなり。そのうちに「微妙な違い」を使い分けられるようになり、それこそが数学の階段を一歩のぼったことなのだ。

Section 6.3
微分可能性と連続性

　微分係数の定義のところで、微分可能性について語られているのでそれについても触れておこう。
　微分係数というのは、よーするに「傾き」だった。傾きってことは、例えば

$$y = \frac{1}{x} \text{の} x = 0 \text{に傾きはあるか？}$$

あるわけない。$y = |x|$の$x = 0$のところはどうか？　これも尖っているところに傾きなど考えようがない。

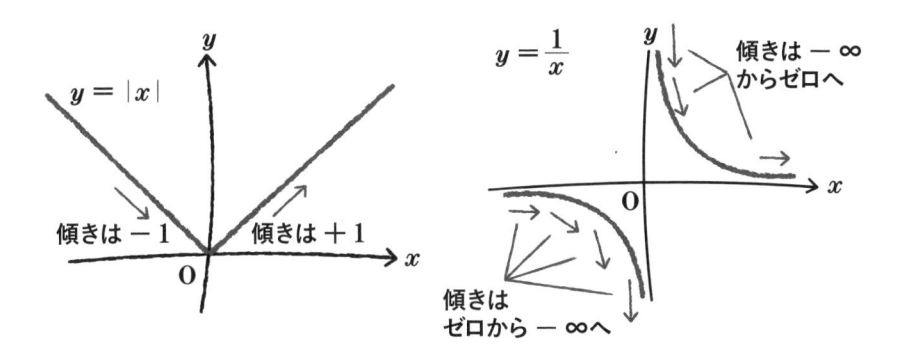

（図：$y = |x|$ のグラフ、傾きは-1と$+1$。$y = \frac{1}{x}$ のグラフ、傾きは$-\infty$からゼロへ、傾きはゼロから$-\infty$へ）

つまり、

こういうヘンなところは「傾き」が考えられないよ

ということが「微分可能性」の意味である。
　さりげなく、
「またこのとき『$f(x)$ は $x = a$ で微分可能である』という」
と書いてあるけれど、このときっていつだ？「極限値〜が存在するとき」

だ。つまりこれは、
「傾きを求める極限値が存在すれば、その点で『微分可能』という」
と書いてあるわけだ。

だったら、そう書け！

文芸的すぎてわからんわ。で、さらにこの「存在すれば」ってのがいやらしい。極限値が存在しないときってのは、そもそもそこに値がないか、極限値が左右から近づいたとき、2つ値が出てしまうような場合（122ページ）である。$y = \dfrac{1}{x}$なら、そもそも$x = 0$での値がないので、$x = 0$での傾きはない。$y = |x|$なら、マイナス方向から0に近づくと、傾きは -1である注4)。プラス方向から近づくと、傾きは $+1$になる。近づく方向によって違う値が出てくるような場合は

「極限値は、ない」と表現する

ことになっている。極限値の有無が微分可能性だから、「ここは微分可能でない」と答える。

　答えとしてはそれでいいのだが、「微分可能性」という言葉をもっと

心にグッとくるかたちで記憶

しておきたい。一言でいおう。

滑らかかどうか

である。な〜んだ、簡単じゃないか。だから君もギクシャクと躍る後輩をみかけたら「オイ、もっと微分可能な動きをしろよ」と注意しよう注5)。もちろん、滑らかに動け、という意味である。

注4) 直線だから、$x < 0$ならずーっと傾き -1だ。同様に$x > 0$ならずーっと $+1$。
注5) 普通こんなふうには言わないと思うけど、言葉は「使えば覚えるし、使わないと忘れちゃう」。英語の勉強のために日常語に英語を混ぜるつもりで、奇人変人と思われない程度に日常会話に数学語を忍ばせていこう。

似たような概念に「連続」というものがある。$y = \dfrac{1}{x}$ は $x = 0$ で連続ではないが、$y = |x|$ は $x = 0$ で連続である。連続というのはよーするに「つながってるかどうか」で、極限を使って話すと、左右から 1 点に近づいて、同じ値になれば連続。そうでなければ連続でない、というだけだ。

あれ？　なんか似てない？　そう。

値が、1 点で同じになれば「連続」。
傾きまで同じになれば「微分可能」

なのである。

問題としてはこんなふうになる。

> 関数 $y = |ax|$ が任意の実数 x で連続かつ微分可能であるように、定数 a $(a \geqq 0)$ を定めよ。

「任意の x で」ってのは、「どこでも」ってことだが、問題となるのは $x = 0$ のところだろう。微分可能ってのは、グラフが滑らかなこと[注6]だが、尖りそうなところは $x = 0$ のところだけだからだ。そこでグラフが尖らないようにするには…

$a = 0$ しかないじゃん。

というわけで、これが答え。

上では直観的に解いてしまったが、正しくは

左右から極限値をとってやればいい

注6)　ずーっと直線ってのも「滑らか」のうち。

のである。$y=|ax|$ は $x<0$ では $y=-ax$、$x>0$ では $y=ax$ として処理すればいいが、極限をとるときも、マイナスから0に近づくときは $y=-ax$ を使い、プラスから0に近づくときは $y=ax$ を使うようにする。すると、

$$\lim_{x \to 0-0} -ax = \lim_{x \to 0+0} ax$$

これは a に関係なく成立する[注7]から、連続はいつも成立。次は微分可能かどうか。傾きについて、

$$\lim_{x \to 0-0} \frac{f(x)-f(0)}{x-0} = \lim_{x \to 0-0} \frac{-ax-0}{x-0} = -a$$

$$\lim_{x \to 0+0} \frac{f(x)-f(0)}{x-0} = \lim_{x \to 0+0} \frac{ax-0}{x-0} = a$$

これらが一致するということは

$$-a = a$$

これ $a=0$ じゃないと成立しないよね。よって $a=0$ が答えになる。入試問題の解答としては、このようにやった方がいいのだろう。

　難しく書かれていることを解きほぐしていくと、結局それほど難しくない内容が出てくるのは、数学ではよくあること。ぜひ読者はそれに慣れてもらって、本書の後半や、本書の次の本にも立ち向かえるようになってもらいたい。

　数学の勉強は

なんだよ〜、だったらそう書けよ〜

がよくあるパターンである。目の前の宝箱の鍵を開けて至上の財宝を手にしてもらいたい。数学の場合はピラミッドに仕掛けられた盗賊よけの罠と違い、「読者を苦しめること」以外にわざわざ難しく書いてあるちゃんとした理由があり、それを探すのは数学の一つの醍醐味である。鍵

[注7] 左辺では x は負だからね。

は一度開けてしまうと

まるで最初から開いていたかのように

解錠の苦労は消えてしまうものなので、世の中に「なんだよ〜だったらそう書けよ〜」みたいなマヌケな感想を書いたマヌケな本はあまりないだろう。読者の皆さんはマトモな本を読んでいる限り、マヌケな感想に触れる機会は少ないと思うが、それは多くの数学者が通ってきた道だと思う。マトモな本の行間には、先人たちのマヌケな感想が死屍累々横たわっていると思って頑張って欲しい。

　数学の理解とは、

・直観的に把握していること
・そのイメージを表現する数学語を持っていること

が両輪である。

Section 6.4
「連続かつ微分可能」

　前項の問題でも出てきたが、「連続かつ微分可能となるように…」などという言い回しは、

お決まりのフレーズ

で、いかにも数学っぽい感じがする。
　しかしこれは本当に必要なコメントだろうか。「連続」と「微分可能」をパターンわけすると、次の4つになる。

(1) 連続でなくて、微分可能でない。
(2) 連続でなくて、微分可能。
(3) 連続だが、微分可能でない。
(4) 連続で、かつ、微分可能。

　ぶっちゃけた話、「連続」というのは「つながってる」ということで、「微分可能」ってのは「滑らか」ということである。
　さて、「連続でなくて微分可能でない関数」というのは、いろいろな関数が有り得る。そもそも、関数というとxの多項式みたいなイメージがあるから誤解のもとなのだけれど、関数というのは基本的に、

あるxに対して、何らかのルールで、ある結果を返すもの

のことである。だから例えば「$f(x)$はxが有理数なら1、無理数なら0を返す関数とする」などという定義も可能なのだ。この$f(x)$について

連続も微分可能もクソもない

だろう。だから、「連続でなくて微分可能でない関数」は有り得る。「連

続かつ微分可能な関数」も有り得ることは明らかだ。「連続だが微分可能ではない関数」はさきに登場した$y=|x|$で、この関数は$x=0$では微分可能ではない。注意して欲しいのは、$x=0$以外では微分可能であるという点である。つまり、連続とか微分可能とかいう概念は、「どこそこで」という場所が付加されないと意味がないのである。

問題は「連続ではないが、微分可能である」なんてことが有り得るのかという話だ。結論から言って有り得ない。なぜなら、微分可能という定義自体が、関数が連続であることを要求しているからだ。微分可能の定義を紹介しよう[注8]。

> **微分可能**
>
> 関数$f(x)$と定数aに対して極限値$f'(a)=\lim_{h \to 0}\dfrac{f(a+h)-f(a)}{h}$
> が存在するとき、$f(x)$は点$x=a$において微分可能であるという。

これってよく読むと、微分係数の定義と同じじゃない？ というか微分係数の定義（164 ページ）で「微分可能」についても言及してるよね。でも、どうしてこれが、「関数が連続であることを要求している」ことになるのだろうか。

ポイントは中盤にある「存在するとき」である。分母のhがゼロになるので、分子もゼロにならないと極限値は存在しないことになる、という理屈から、

$$\lim_{h \to 0}(f(a+h)-f(a))=0$$

という式が出てくる。これは書き換えれば

$$\lim_{h \to 0}f(a+h)=f(a)$$

なので、これは「連続」と読める。

そんなわけで、微分可能であれば自動的に連続であることが必要とな

注8) この定義は、高校の教科書から採った。大学以降だとまた別の定義になるが、考え方としては一緒である。よーするに、細かい問題が浮上してきたから、細かい定義が必要になっただけだ。

るので、わざわざ微分可能の定義のところに「連続」とはことわらないのである。

なんじゃこのわかりにくさ！

わかるわけないよ、こんなこと。

　ここで議論は一段落とするが、ここで連続や微分可能性の定義が「上から降ってきた感じがする」こと（これを「天下り的である」と表現する）について言及しておこう。このあたりは微分積分が高校数学の最後に位置するのである程度は仕方がないことだ。簡単に言えば

大人の知恵

である。大学以降での細かい議論から切り出してきた結果なので、順を追って考えている人はモヤモヤしてしまうかもしれない。数学は積み重ねだと言われるが、筆者に言わせれば

破壊と創造

である。高いビルを作ろうとして、それ以上高く作れなくなったときに

土台を壊して、土台から作り直す

ことをしなければいけない。新しいことを覚えるよりも、既存の概念を壊すほうが骨が折れる。既存の概念を壊さないと作れないものを、こういうものだと上から与えられた時に、受容するのか拒絶するのか、いずれにせよストレスであることは間違いない。

　本当は高校の初学年にも天下りのモヤモヤは存在するはずなのだが、時間経過とともに常識化して慣れてしまうのであまり意識されにくい。微分積分は高校最後の単元であるし、大学受験の負荷のため「大学に行けばわかるんだ」的な条件付けや、大学に入ったばかりで「数学スゲー

っ!」ってなったニワカな人がうっかり「高校の数学なんて曖昧だからよ」と言うのを聞いたりするとますますモヤモヤしてしまうかもしれないのだが、筆者は

高校範囲の数学も、それなりにうまくまとまっている

と思っているので、大学の数学を学ぶことをいたずらに焦る必要はない。確かに大学以降では微分可能性や極限などについてもう一段突っ込んだ議論をしなければならないが、ここではまだその必要性がない。この「必要性がない」ってのがミソだ。高校数学は

題材を吟味することによって「必要性がない」ようにしている

のである。

　そういう意味でも、高校数学はとてもうまくまとまっていて、悪い言い方をすれば、うまく仕組まれている。しかしうまく仕組まれた罠にうまく騙されるのも任侠というものだし、逆に、うまく騙されないと、とたんに難しさの壁に囲まれてしまう。ともかく、大学の数学の「必要性」ということについて、宇宙人の来襲に備えることは重要かもしれないが、それは宇宙人の来襲がもう少し現実的になってからでいいだろう。連続や微分可能性の定義は結果として複雑な表現になっているかもしれないが、もともとの発想は常識的でシンプルなものだったはずである。細かいところにこだわるのは大学生におまかせして、

常識で理解しよう。

そういう方向性でいいはずだから、安心して欲しい。

Section 6.5
なぜ微分が有用か

　よーするに微分は「傾き」のことだった。しかし、そこで素朴な疑問が生じる。

傾きを求めて、嬉しいか？

そりゃあ、「接線を求めよ」みたいな問題が出れば嬉しいよ。でも、「だからどうした」感は否めない。数学をなんのためにやるのかと言えば、受験生なら「試験のため」だろう。しかし、

試験のためだけど、試験のための勉強はしたくない

というのが受験生の感じるジレンマなのではないだろうか。

　微分が日常生活にどう役立つというのか。「傾き」の言い方を変えると、「変化率」である。次の瞬間にどれだけ変化するかを表している。具体的に、距離と速度の関係を考えてみよう。「変化率」というのは、よーするに「時速100km」みたいなことを表している。移動距離がどのくらいの割合で変化するかというと、「時速100km」という割合で変化する、そういう意味だ。そして、現在の速度がわかって、何が嬉しいのか。それは、

一瞬先の未来が予想できる！

これが嬉しいのだ。

　未来が予想できるのは嬉しい。これは人類に共通した気持ちと言っていいだろう。筆者も6分でいいから未来が正確に予想できたら…、と思う[注9]。言い方を変えると、

注9) 全財産を持って、競馬に行くネ♡

未来はわからないけれど、「今」は観察できる

ということだ。今、浜松駅を通過して、そのときに時速100kmならば、10秒後の位置が予想できる。もちろん、今が時速100kmだからといって、次の瞬間も時速100kmとは限らないので、位置の予想もあくまで「予想」であって完全に正確ではないが、

「今」の情報が細かければ細かいほど、予想も正確になっていく

と期待される[注10]。

筆者は「変化率」は、ドラえもんの道具のイメージで考えている。ぬいぐるみに矢印のシールをペタペタ重ねて貼っていくとぬいぐるみがそのとおりに歩いていく、という道具がある。のび太からしずちゃんの家にプレゼントを届けようと、「まっすぐ行って、右に曲がって…」とシールを重ねて貼っていくのだ。このシールが「変化率」である。

別の例としては、ドラクエ[注11]で「床に矢印があるダンジョン」を考えよう。その床を踏むと、キャラが矢印の方向に運ばれてしまうというものだ。この矢印が「変化率」である。この矢印が床全部に敷き詰められているとすると、この上にキャラをポンと置いたら（ドラクエなら）ちゃーっと動くだろう。

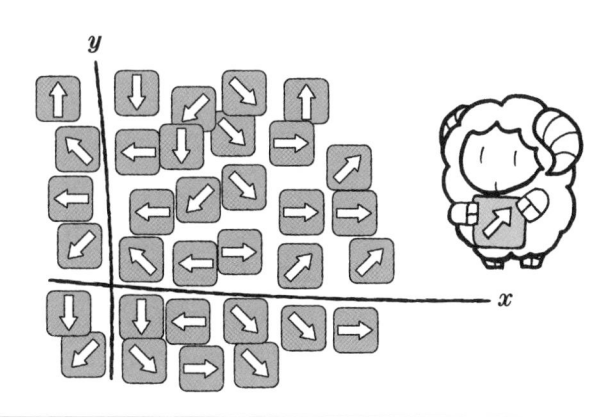

注10) このあたりは、テーラー展開（278ページ）で詳しく見ていく。
注11) ビデオゲーム『ドラゴンクエスト』シリーズの略称。というか、俗称。

この矢印の平面を難しく言うと「ベクトル場[注12]」という。小難しい名前がついているが、よーするに、矢印が微分（変化率）で、その矢印に乗って進んだ軌跡が、いわゆる普通に我々が扱ってきた「関数のグラフ」というヤツなのだ。

　高校生では、このような矢印の方向があっちゃこっちゃ向くようなものはあまり扱わない[注13]。では何を扱うのかというと、

矢印の方向がたった3種類（→、↗、↘）

なのである。矢印の方向は「変化率」つまり「傾き」だから、この3種類の矢印はそれぞれ、「傾きゼロ」「傾き正」「傾き負」に対応している。だから、$y = f'(x)$ のグラフは、その正負が $y = f(x)$ のグラフの傾きの変化と対応しているのだ。

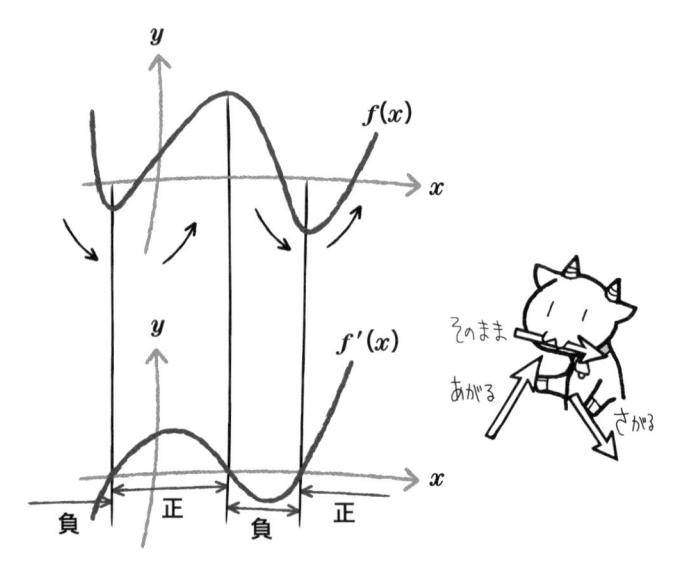

　つまり、$y = f'(x)$ のグラフを分析することで $y = f(x)$ の概形がつかめることになる。しかし、これは「矢印シール」なので、あくまで概

注12) ベクトルば、と読む。「場」とはフィールドの訳語なので、ベクトルフィールドともいう。どちらかというと、その方が「若者向き」のような気がする（笑）。
注13) 二次曲線や物理に関連した話題でさりげなく出てくる。

形でしかない。のび太くんが正しくシールを貼っても、「はじめにぬいぐるみを置く位置と方向」を間違えたら、しずちゃんの家に着くはずがない。変化率によって未来を予測するということは、

　・ある時点で、どこにいるか
　・変化率の推移

この2点がないと、正確な未来が予測できない。前者は、ドラクエで言うと、「はじめにキャラをどこに置くか」にあたる。これを「初期条件」という。

Section 6.6
定義の運用練習

それではもう少し、微分の定義を実際に運用してみる練習をしよう。微分の定義を使う入試問題を探していたら、こんなのを見つけた。

> $f(x) = x^3 - x^2$ の導関数を、定義にしたがって求めよ。(倉敷芸科大)

「そのまんま」すぎて笑えるが、それは「今だから」笑えるのである。$x^3 - x^2$ の微分ができない受験生はいなかっただろうが、「定義にしたがって」と言われて困った受験生は悔しかっただろう。だって答え自体は目の前にぶら下がっているのだから。筆者はこういう出題は嫌ではない。まあとりあえず、言われたとおりやってみよう。

導関数 $f'(x)$ は、「x のところの傾き」を求めるつもりで立式すればいい。もっと具体的には、点 $(x,\ x^3 - x^2)$ における傾きのことである。まずは x のところと、それよりちょっと進んだ $x+a$ のところを考える。つまり、点 $(x,\ x^3 - x^2)$ と点 $(x+a,\ (x+a)^3 - (x+a)^2)$ の傾きを出す。式がややこしくなるが、

ややこしいだけで、実は簡単

なので、ややこしさに負けないでもらいたい。

$$\frac{((x+a)^3 - (x+a)^2) - (x^3 - x^2)}{(x+a) - x}$$

傾きは、この a をゼロに近づければいい。まず整理して、

$$\frac{3ax^2 + 3a^2x + a^3 - (2ax + a^2)}{a}$$

で、a をゼロに近づけるわけだが、おなじみの考え方として「a をゼロに近づけるってことは、a はゼロではないんだよ」という理屈を使って、分子分母を a で割って（つまり a で約分）

$$3x^2 + 3ax + a^2 - 2x - a$$

これに対して $a \to 0$ とすると、

$$\lim_{a \to 0} 3x^2 + 3ax + a^2 - 2x - a = 3x^2 - 2x$$

ゆえに、傾きは $3x^2 - 2x$ となる。これが導関数に他ならない。よって、

$$f'(x) = 3x^2 - 2x$$

を得る。

　何をやっているかは、もう、わかるに違いない。単に、傾きを求めているだけである。「近づける」という日本語が数学語に変換できるから、傾きを求めることも可能なのだ。

　ところで、この問題の場合は「定義にしたがって求めよ」という指示があったからまあこれ以外に方法はないのだが、実際問題として単に導関数が欲しいだけのとき、こんなことは

いちいちやってられん

というのが本音だろう。誰だってそうだ。だからはじめに微分のルールをやったのである。$f(x) = x^3 - x^2$ の導関数なんか、微分のルールを使えばすぐに $f'(x) = 3x^2 - 2x$ だと求められる。これはつまり、「掛け算九九」を理由なしに覚えたようなものである。今ここでやっと、微分の本質、つまり、「傾きであるということ」を学んだことになるのだ。

空気を読め！

　この問題を「答案」にするには、どうすればいいだろうか。答案を書くときは、「この問題が、私に何を求めているか」を考えることが最も重要である。恋人に私が何をしたいか、ではなくて、恋人が私に何をして欲しいと思っているかを考えよう。

　この問題を「答案」にするには、どうすればいいだろうか。答案を書くときは、「この問題が、私に何を求めているか」を考えることが最も重要である。恋人に私が何をしたいか、ではなくて、恋人が私に何をして欲しいと思っているかを考えよう。この問題を見ると「定義に従って」というところが、ただ導関数を求めろというのとは違う。つまり、「微分の定義を知ってますか」というのが、聞きたいことなのだ。そこで答案としてはまず、

$$f'(x) = \lim_{a \to 0} \frac{((x+a)^3 - (x+a)^2) - (x^3 - x^2)}{(x+a) - x}$$

を書く。で、最終的に $3x^2 - 2x$ に変形すればいいのだが、この2行がこの問題のエッセンスで、途中の式変形は（正しければ）何行使おうと使わなかろうとどうでもいい。ほっとくとダラダラと何行も何行も細かい式変形を書く人がいるが、採点官としては、そういうのを見ると

ウザいなあ

と思う。でも間に1行もないと、寂しい気もする。じゃあどうするか。

解答欄のスペースを見て

判断する。これである。

Section 6.7
指数関数の微分（e 登場）

まだ指数関数の例題（102ページ）の答えを出していなかった。

> 指数関数 $y = 2^x$ 上の点 P $(a, 2^a)$ における接線の傾きを求めよ。

接線の傾きは、

$$\lim_{h \to 0} \frac{2^{a+h} - 2^a}{(a+h) - a}$$

である。この極限値は…、あれ？
ま、式としてはこれでよい。ところが、この極限値の求め方はまだ検討していなかった。
どんな式もそうだが、

式を立てることとそれが解けるかどうかは別問題

というように、問題を分けて考えよう。難しい問題というのは、

(1) 解決の方法さえわからない
(2) 解決の方法はわかるけど、それが実行困難

に分けられる。これらは日常生活でもよくある話だ。
「どうしたら朝遅刻しないですむか」
という問題は、「早起きすればいい」ので、解決方法は明確だがそこに実行困難という問題がつきまとう（笑）。
「どうしたらカレのハートを射とめられるのか」
という問題は、普通は解決の方法さえわからない。たまには「こうやれ

ば落ちる」というのがわかりやすいヤツもいるかもしれないが、その「こうやれば」というのが実行簡単か実行困難かというのは別問題だ。

　数学に話を戻すと、方程式が立つということは、解決の方法はわかっているということである。式の立て方さえわからない場合には、本当にお手上げということになるだろう。

　というわけで、我々はまだこの指数関数の微分に関して答えが出せないのだ。しくしく。

　では、この極限値を求めるにはどうしたらいいのか。これは実は結構タイヘンである。今後はどういう方針かというと、

(1) 指数を微分したいために、「e」を作る。
(2) その「e」を利用して、指数の微分をする。

　ひとことで言えば、

e を作ればいい

のである。例によって我々は「過去の人から見て未来人」なので、問題解決の方法をすでに知っている。それが「eを作る」という方法なのだが、はじめてこれを聞いた人が

eってどこから出てきたの？　そもそもeって何？

と思うのは当然だ。よーするに、

指数の微分は難しい

のである。昔の人も、いろいろ工夫したけどなかなか解けなかった。そして苦肉の策が、

ムリヤリ e を作る

なのである。これはかなりムリヤリな発想だったが、結果として数学の歴史の歯車を大きくすすめることになったのだ。

　それではeとは何か。次で見ていってみよう。

Section 6.8
自然対数 e

e は「$(a^x)'$ を計算するために都合よく定義された数」である[注14]。この都合よく定義、というのがピンと来ない人は、π や $\sqrt{}$ を考えてみて欲しい。それがいくつか、ということはさておいて、「円周率は π ってことで」とされているではないか。$\sqrt{5}$ だってそうだ。これらは

全然、解けていない

のである[注15]。ただ都合がいいからとりあえずそうやって書いているだけだ。

ただし、この e の都合のよさはちょっとわかりにくい。e の定義として、教科書には何通りも載っている。混乱するだけだから、載せすぎはよくないと思うのだが、まあそんなことはとりあえずいいとして、どこが都合がいいかという話にすすもう。例えば e の定義として、

$$\lim_{h \to 0} \frac{e^h - 1}{h} = 1$$

を見てみよう。この定義があると何が嬉しいのだろうか。

$(a^x)'$ を計算するために、微分の定義式

$$f'(x) = \lim_{h \to 0} \frac{f(x+h) - f(x)}{h}$$

にブチ込む。

$$f'(x) = \lim_{h \to 0} \frac{a^{x+h} - a^x}{h}$$

注14) たぶん試験でこうやって書くと、偉い先生からはお叱りを受けるので、間違ってもそういう場では使わないでもらいたい。筆者のせいにされても困るし（笑）。よーするに、「それを言っちゃあ、おしまいよ」みたいなことはどこの世界にもあるものなのだ。

注15) ちょっとおやすみコーナー：「平方根は「解けている」のか？」（106ページ）参照。

$$= \lim_{h \to 0} a^x \cdot \frac{a^h - 1}{h}$$

$$= a^x \lim_{h \to 0} \frac{a^h - 1}{h}$$

ここで、適当な任意の数 E を使って、$a = E^{\log_E a}$ と書き換えてこれを入れると

$$(続き) \quad = a^x \lim_{h \to 0} \frac{E^{h \log_E a} - 1}{h}$$

$$= a^x \log_E a \lim_{h \to 0} \frac{E^{h \log_E a} - 1}{h \log_E a}$$

式が煩雑になってきたので $z = h \log_E a$ とおいて簡単にするよ。ゴチャゴチャしてくると、読者だけでなく筆者も混乱してくる（笑）。$h \to 0$ で $z \to 0$ なので、$\lim$ の下の h も単純に z に変えていい。

$$(続き) \quad = a^x \log_E a \lim_{z \to 0} \frac{E^z - 1}{z}$$

となるだろう。

さてここで、E は任意の数でよいということだったが、これを見て、

$$\lim_{h \to 0} \frac{E^h - 1}{h} = 1 \text{ をみたす数があったらいいなあ}$$

と思うのが人情というものだろう[注16)]。ここで「存在するのか、しないのか」という問題が出てくる。存在非存在は厳密には「中間値定理[注17)]」で示すのだが、まあ、今回は「存在する」としてよいだろう。だってありそうじゃん[注18)]。で、これを、あるかどうかはともかく e とおいて、存在することにしてしまった。つまり、さきに掲げた e の定義、

注16) そうかなあ。でも、こういう数（e）があったら、確かに式は簡単になるよね。
注17) 別に今参照する必要はまるでないが、一応便利なために書いておくと 264 ページだよ。
注18) こういう先入観に毒された考えは、本当はあまりよくありません。

$$\lim_{h \to 0} \frac{e^h - 1}{h} = 1$$

である。E として、この e をとれば、

$$f'(x) = a^x \log_e a$$

となり、そういうふうに定義したのだから当然だが、無事、簡単なカタチになって、嬉しい。

e はこのように指数関数の微積分を簡単にするために導入された数なのである。導入してからわかったのだが、実は e には予想外に超強力な性質があった。それの集大成が「オイラーの式[注19]」ともいえるだろうが、これのすごさがわかるためにはもう少し準備が必要である。しかし、ここまででも嬉しいことがある。それは、

やっと、指数関数の微分に答えが出せる

ことである。

> 指数関数 $y = 2^x$ 上の点 P (a, 2^a) における接線の傾きを求めよ。

接線の傾きは、

$$\begin{aligned}
\lim_{h \to 0} \frac{2^{a+h} - 2^a}{(a+h) - a} &= \lim_{h \to 0} 2^a \cdot \frac{2^h - 1}{h} \\
&= 2^a \cdot \lim_{h \to 0} \frac{(e^{\log_e 2})^h - 1}{h} \\
&= 2^a \cdot \lim_{h \to 0} \frac{e^{h \cdot \log_e 2} - 1}{h} \\
&= 2^a \cdot \lim_{h \to 0} \frac{e^{h \cdot \log_e 2} - 1}{h \cdot \log_e 2} \cdot \log_e 2
\end{aligned}$$

[注19] 一応本書でも 289 ページでちょろっと登場しているが、本書のカバーする範囲でオイラーの式を語るのは無理なので、あまりリキを入れていない。オイラーの式のロマンをわかるためには、三角関数と虚数の知識が必要なのである。

$$= 2^a \cdot \log_e 2 \cdot \lim_{H \to 0} \frac{e^H - 1}{H}$$

$$= 2^a \cdot \log_e 2$$

となり、$2^a \cdot \log_e 2$ を得る。

　これでようやく、微分を求めることができた。長かった。式変形がややこしいと思うが、さきの e をヒネり出そうという

強い意志

を感じて欲しい。
　それでは練習しよう。

$y = e^x$ を x で微分せよ。

微分の定義に入れると、

$$\frac{dy}{dx} = \lim_{h \to 0} \frac{e^{x+h} - e^x}{h}$$

$$= e^x \cdot \underline{\lim_{h \to 0} \frac{e^h - 1}{h}}$$

この下線部は 1 だ。だって、

e は「これを 1 にするような数」って決めたんだもの。

というわけで、

$$\frac{dy}{dx} = e^x$$

となる。つまり、$y = e^x$ は微分しても変わらないのである。
　いちいちこんなことはやってられないし、結果が明解で覚えやすいので、微分のルールを追加してしまおう。

微分のルール(追加1)

$$(e^x)' = e^x$$

めちゃめちゃ簡単だ。

それではこの追加したルールによって指数関数が微分できるようになることを確認しよう。追加したルール以外に指数がからむルールはないので、2^x なんてヤツもムリヤリ e の何乗というカタチにしないといけない。でも、指数をそうやって変えることはできる。

$$2 = e^{\log_e 2}$$

という式を作ればよい[20]のだ。あとは指数法則で動かしていくだけ。

$$\begin{aligned}
(2^x)' &= ((e^{\log_e 2})^x)' \\
&= (e^{x \cdot \log_e 2})' \quad \leftarrow ここで\ e^{\square}\ というカタチになった \\
&= (e^{x \cdot \log_e 2}) \cdot \log_e 2 \quad \leftarrow 合成関数の微分 \\
&= 2^x \cdot \log_e 2
\end{aligned}$$

となる。点 P $(a, 2^a)$ における接線の傾きは、$2^a \cdot \log_e 2$ になり、無事、同じ結果が得られた。普段はこちらのやり方で十分で、原理から求めてみるのは、まあ経験として一度はやっておいた方がいいかもしれないが、一度やっておけばそれでいいだろう。カレーをカレー粉と小麦粉を炒めるところから作り始めると、

普通は、一大イベント

になってしまう。腹が減ってるときは、適当に妥協しないとたまらない。

---

[20] $\log_A B$ は「A を何乗したら B になる?の答え」なので、これをそのまま A の肩に乗せてやれば B が出る。つまり、$A^{\log_A B} = B$ という式を作るのが log の理解のポイントである。拙書『4次元の林檎』(荒地出版社)を持っている人は指数のところをチェックして欲しい。同書は技術評論社より復刊予定。

Section 6.9
x^n の微分

　定義通りにやる練習だと思ってやってみよう。定義通りにやるといっても、いきなり $\lim$ をかけたカタチで変形をスタートすると、

式変形ごとに $\lim$ を書くのがめんどくさい

ので、とりあえず式変形を片づけておいて、最後に $\lim$ でゼロに飛ばすのがコツである。式変形のミソは、

$$(x+h)^n = x^n + nhx^{n-1} + \frac{n(n-1)}{2}h^2 x^{n-2} + \cdots + nh^{n-1}x + h^n$$

という展開（普通の展開ですぞ）で、下線部の項はすべて h が2次以上であるというところ。第1項の x^n は消える運命にあるので、うまくいきそうだ。

$$\frac{(x+h)^n - x^n}{h} = \frac{x^n + nhx^{n-1} + \cdots + nh^{n-1}x + h^n - x^n}{h}$$

$$= \frac{nhx^{n-1} + \cdots + nh^{n-1}x + h^n}{h}$$

$$= nx^{n-1} + （どの項も h を含む式）$$

これで $h \to 0$ とすれば、nx^{n-1} だけが残り、h を含む他の項は全部ゼロになって消えてしまう。つまり結果は、$(x^n)' = nx^{n-1}$ となる。この結果は微分のルールのところ（90ページ周辺）でも求めているが、当然このように定義からも求められるのだ。

Section 6.10
$\log_e x$ の微分 ①

　log を微分の式に入れる前に、別のやり方で求めてみよう。$y = \log_e x$ は $y = e^x$ と逆関数の関係にあることを利用する。

$$y = e^x \quad \text{に対して} \quad \frac{dy}{dx} = e^x$$

だった。ここで x と y を入れ替えてみよう。とにかく全部入れ替える。

$$x = e^y \quad \text{に対して} \quad \frac{dx}{dy} = e^y$$

これがポイントである。変形してやると、

$$y = \log_e x \quad \text{に対して} \quad \frac{dy}{dx} = \frac{1}{e^y}$$

e^y は $y = \log_e x$ を入れれば $e^{\log_e x} = x$ なので、

$$y = \log_e x \quad \text{に対して} \quad \frac{dy}{dx} = \frac{1}{x}$$

を得る。これで $y = \log_e x$ の微分を求めたことになる。この結果もシンプルだ。

微分のルール（追加 2）

$$\frac{d}{dx} \log_e x = \frac{1}{x}$$

らくちん大学生

逆関数のところで、

$$\frac{dx}{dy} = e^y \quad \text{だったら} \quad \frac{dy}{dx} = \frac{1}{e^y}$$

を「常識」のように解答としてしまったが、うるさいことを言うと、あまりいいことではない。しかし、

でもいいじゃん

と筆者は思う。

dx や dy は、ここまで筆者は「ひとつの文字」のように扱ってきたが、これは実は大学生的な考え方である。高校生は必ず dy/dx または $\int \sim dx$ のように、微分または積分を表す記号として、ペアで使わなければならない。

高校生はどうしてダメで、大学生はどうしていいのか。筆者は学生当時よくわからなかった。大学生になったときに「使っていいよ」と教わった記憶もないし、いつの間にか、使っていいことになっているのである。大学生はラクでいいなあ。

まあ、高校数学で使っていけない理由は、教科書中に

定義がない

からである。「y の微分を dy/dx と書く」とはある。「$f(x)$ の積分を $\int f(x)dx$ と書く」ともある。ただ、dx や dy 単独での使い方についてはどこにも言及がない。これが高校生が使ってはいけない理由である。では高校生が使うためにはどうすればいいのか。答案では、「x が dx だけ微小変化したときの、y の微小変化を dy とする」と書けば、dx と dy の単独使用を定義したことになる。しかしそれだけではまだダメだ。なぜなら

計算ルールを定義していない。例えば「うさぎを x、たぬきを y と書く」と宣言すれば、それ以降は x と書けば「うさぎ」、y と書けば「たぬき」を表すことになるが、このとき「$x \times y$」や「x^y」は意味不明である。文字を定義することは簡単だが、計算ルールを定義することは簡単ではない。dx や dy に四則演算が適用できるためには…。

ハイ、考えるだけで面倒になってきましたネ。計算ルールを自前で作る詳しい話はいずれ別の機会に語るとして、結論を先取りすると「dx や dy についても四則演算が可能」なのである。

大学生はこれが前提となっているので、dx や dy をバラバラにして自由に使っていいのである。

筆者はあまりあからさまには定義しなかったが、「ひとつの文字のように扱ってよい」と主張した。「文字のように」は、四則演算が可能であることを表す。そこを出発点にしよう、と言っているのだから、大学生的に考えればいい。四則演算が可能ならば、$\frac{dx}{dy} = e^y$ から $\frac{dy}{dx} = \frac{1}{e^y}$ が導かれるのは、当たり前の話である。高校生的に考えるならば、四則演算を前提としていないので、この計算を「当たり前」で済ませることはできない。

わざわざ個別的に証明する必要がある

のだ。教科書を探せば、逆関数の微分に関する証明が書いてあるはずである。教科書に証明が載っているので、高校生も $\frac{dx}{dy} = e^y$ から $\frac{dy}{dx} = \frac{1}{e^y}$ を導いても差し支えない。重要なのでもう一度繰り返そう。同じ結論が得られるからといって、高校生

と大学生では、その根拠が違うのである。大学生は高校生よりも深いところから論理を構築しているために、逆関数程度の変形は「当たり前」の一言で済んでしまうのだ。

さて、高校生のための試験対策を述べておこう。早い話が

「答案」に書かなければいい

のである。これまで筆者が述べてきたように、dx や dy は、ひとつの文字として扱って差し支えない。極限の議論になると、しばしば「常識」は覆されるので、安直に常識で話を進めるのは危険なことだが、dx や dy に対しては常識的に扱ってよいのである。ただしそれは実は、ややこしい議論の果ての結論を、先取りで使っているのである。高校生の答案は高校範囲の数学での定義を前提として採点される。だから、どんなに結果として正しくても、

定義していない使い方をしたな。残念でした。バツ！

とされてしまうのだ。

立ちションは軽犯罪法違反である。こんなことは誰でも知っている。それに、立ちションで捕まった人など見たことないよ。お巡りさんだって、そんなことくらいで捜査して逮捕したりはしないだろ。そこまでヒマじゃないに決まっている。しかし、だ、

交番の目の前で立ちションしたら捕まる。

それはもはや「立ちション」がどーのこーのというよりも、

警察の威信への挑戦

だからである。

採点官は数学のプロである。高校生の書こうとしたことくら

い、もちろん読みとれる。そんなつまらないことで減点などしたくないのが人情だ。でも、試験の場であからさまな「ルール違反」をされると、バツにせざるを得ない。それはまさに、交番の前で立ちションするようなものである。

採点官に甘えるな！

dx や dy について、悔しいが高校生には「きちんとした定義」が与えられていないのだ。だから、普段の考え方は「文字のように」扱ってよいが、答案では教科書で出てきたように、dy/dx または $\int \sim dx$ のように、微分または積分を表す記号として、ペアで使うようにしよう。せっかく深く理解できているのに、こんなことで減点されては勿体ない。

Section 6.11
$\log_e x$ の微分②

 今度は log を微分の式に入れてやってみよう。定義どおりに log を入れてみると、

$$\frac{d}{dx}\log x = \lim_{h \to 0}\frac{\log(x+h) - \log x}{h}$$

となる。やってみればわかるが、

$(x+h)^n$ のように、うまいこと h が出てこない

から、分子だけを変形しようとしてもうまくいかない。ではどうするか。

分母ごと、考えよう

というわけで、

$$\lim_{h \to 0}\frac{1}{h} \cdot (\log(x+h) - \log x) = \lim_{h \to 0}\log\left(1 + \frac{h}{x}\right)^{\frac{1}{h}}$$

…と、こんなふうにしてしまうと、ますます

わけわから～ん

と叫びたくなる。そこで、なるべく関係のない文字 x を lim の外に出そうと発想して、$h = nx$ とおいてしまう。おいていいのか、という問題は、lim で $h \to 0$ のとき n も 0 になるという点で

同じコトだ、ということにする。

だから、このように h をおいてもいいってことで、$h \to 0$ を考える代わりに $n \to 0$ を考えるようにする。これでできるようになるという保証はないのだけれど、試しにこうやってみるのだ。実は今回はこれでうま

くいくのだが、

ダメだったらまた別のアイディアを考えなければならない

のである。さてでは、$h = nx$ とおいたことでどうなったか。

$$\frac{d}{dx}\log x = \frac{1}{x}\lim_{n \to 0}\underline{\log(1+n)^{\frac{1}{n}}}$$

となる。なお、ここまでは log の底は任意である。さてここで下線部はいったいいくつなのだろうか。何がわからないのかというと、この極限値である。

$$\lim_{n \to 0}(1+n)^{\frac{1}{n}}$$

しかし、こんな極限値は常識的に、

わかるわけない

のである。ところで、前項の結果を覚えているだろうか。それは

$$\frac{d}{dx}\log_e x = \frac{1}{x}$$

であった。前項の結果はどうやって出てきたものだっただろうか。指数関数の微分は、定義どおりにちゃんと計算した結果で、別に結論を先取りしたわけではない。指数と対数が逆関数という関係にあることも、これは定義であって、何の問題もない。つまり、

前項の結論には問題がない。

問題ないとはどういうことか。

**log の方からスタートした微分によっても、
それと同じ結果が得られないとおかしい**

ということである。そのように考えてもう一度式を見よう。ここからは（前項の結果を使うために）底を e で考える必要がある。

$$\frac{d}{dx}\log_e x = \frac{1}{x}\underline{\lim_{n\to 0}\log_e(1+n)^{\frac{1}{n}}}$$

で、同じ結果が得られるとするなら、下線部は 1 でなければおかしい。で、下線部が 1 になるということは、極限をとった結果、$\log$ の中身、つまり、$(1+n)^{\frac{1}{n}}$ が e になるということである。だから、

$$\lim_{n\to 0}(1+n)^{\frac{1}{n}} = e$$

と考えられる。「考えられる」などという、なんか弱っちい書き方をしているが、これは、

論理的帰結として、$(1+n)^{\frac{1}{n}}$ の $n \to 0$ の極限が求められた

ということなのである。

省略された log の底

　本書では log の底はなるべく省略せずに書く方針で、省略しているところは文脈上明らかであるか、底にかかわらず成立（もちろんゼロとか 1 は底としてダメよ）するかである。

　ところが本によっては底をじゃんじゃん省略しているものもあり、しかも分野によって省略のポリシーが違ったりするので、初学者泣かせである。一般論としてはただ log と書いたとき、数学では「$\log_e$」、工学では「$\log_{10}$」、情報科学では「$\log_2$」だが、そうとは限らないので、こういうところには落とし穴があると思って、必ず確認するクセをつけたい。

Section 6.12
もうひとつの e の定義

　本書では、e の定義として、
$$\lim_{h \to 0} \frac{E^h - 1}{h} = 1 \qquad \text{を満たすような} E$$
を採用した。当たり前だが、こうやって決めたのだから、
$$\lim_{h \to 0} \frac{e^h - 1}{h} = 1$$
である。

決めたのだから、その結果に理由なんてない。

これがポイントである。

　ところで、教科書にはもうひとつの定義が載っているかもしれない。その「もうひとつの e の定義」とは、こんなものだ。
$$e = \lim_{n \to 0} (1 + n)^{\frac{1}{n}}$$
歴史的には、つまり、もともとのアイディアとしては、こちらの方が起源のようなので、こちらを「定義」とする方が妥当かもしれない。ところで、定義が複数あるというのもおかしな話である。実は定義が複数「同時に」存在するのではなくて、

どちらかを選ぶもの

である。そして、

どちらか片方を決めれば、もう片方は求めることができる

のだ。そんなわけで、本書では上の定義で e を決めて、それから極限値

$$\lim_{n \to 0} (1+n)^{\frac{1}{n}}$$

を求めたのだ。だから逆に、この極限値を e と決めれば、論理的帰結として

$$\lim_{h \to 0} \frac{e^h - 1}{h} = 1$$

が「求められる」はずなのである。そこでこれをやってみよう。こちらが先に決まっている、ということを忘れずに。

$y = \log x$ を微分すると、微分の定義にしたがって、

$$\frac{d}{dx} \log x = \frac{1}{x} \lim_{n \to 0} \log(1+n)^{\frac{1}{n}}$$

となるが、$\lim_{n \to 0}(1+n)^{\frac{1}{n}}$ は e となると決めたので、

$$\frac{d}{dx} \log_e x = \frac{1}{x}$$

が得られる。これを材料に、$y = e^x$ を微分することを考えるわけだ。$y = e^x$ は $x = \log_e y$ なので、これを y で微分して、

$$\frac{dx}{dy} = \frac{1}{y}$$

つまり、

$$y = \frac{dy}{dx}$$

これはどういう意味でしょう？ 素直に、「微分しても y と同じ」と読めばいいのだ。つまり、$y = e^x$ は微分しても変わらない。では「変わらない」ということを頭において、$y = e^x$ を定義にしたがって微分してみよう。

$$\frac{d}{dx} e^x = \lim_{h \to 0} \frac{e^{x+h} - e^x}{h}$$

右辺の e^x を外に出すように変形すると、

$$\frac{d}{dx} e^x = e^x \lim_{h \to 0} \frac{e^h - 1}{h}$$

となるが、「微分しても変わらない」んだったら、

$$\lim_{h \to 0} \frac{e^h - 1}{h} = 1$$

でしかるべきであろう。よって $\lim_{h \to 0} \frac{e^h - 1}{h}$ は 1 と求められるわけだが、この結論の解釈に注意して欲しい。さっきは定義だった式が、今回は式変形の結果として得られている。これはつまり、一方の極限値を決めれば、もう一方の極限値も論理的帰結として求めることができる、ということだ。

どちらが入口とも出口とも決まっていない土管は、片方から入ればもう片方が出口になる、ということである。

というわけで、「どちらか片方を決めれば、もう片方は求めることができる」という意味がわかってもらえたと思う。ところで上でちょっとこだわってみたが、筆者はこの e の定義が複数あることで結構悩んだ。その悩みとは、「どっちか片方でいいじゃん」ということだ。何度も述べているように、

どっちか片方で、いいのよ

が真実なのだが、なぜ筆者が混乱したのかを考えると、今まで定義だった式が、いつのまにか式変形の結果として「求まって」いたのが謎だったからなのだ。そもそも「定義」というものは、
「てやんでぇ、客が白を黒と言ったら、白でも黒なんでぇ」
という性質のものである。なぜそう決めたかについては理由を考えることができるが、決まったことについては理由なんてない。ところが、今回は、本のどこかで「定義」として紹介されていることが、一方で式変形の結果として導かれている。これは確かにおかしな話なのである。

筆者の読んでいた本に間違いがないとすると、この混乱の原因は、筆

者の読み落としに他ならない。この本の構成として、

(1)「Aの定義」
(2)「もしBの定義を採用すると」
(3)「Aが求まる」

となっていたのだろう。筆者は中途半端に優秀だったので、(1) の箇所はなんとなく覚えていた。ところが (2) の部分を忘れたか飛ばしたかした。それで (3) の「求まる」を見ると

なにソレ？

となってしまうのである。どーせなら全部覚えていない方がいい。
　ところがここでやっている話は、
「客が白ウサギを黒ウサギと言ったら、白ヤギは黒ヤギ」
であるとき、
「客が白ヤギを黒ヤギと言ったら、白ウサギは黒ウサギ」が正しいのか、ということなのである。ここでの「と言ったら」は
「てやんでぇ、客が白を黒と言ったら、白でも黒なんでぇ」
とは意味が違って、「論理的帰結として」という意味がある。これを一言でまとめると「どちらかを決めれば、もう片方が求まるよ」という、何度も書いているセリフに落ち着いてしまって、面白くもなんともないのだが、結局のところ、話の大筋がわかっていないとどこかに「定義」として書かれていたことが「求まる」という矛盾を看破するのは非常に難しくなる。

いったん「おかしな話」の迷宮に入り込むと、抜けるのは大変

なのである。
　なお e の定義は、本によっては

$$e = \lim_{n \to \infty} \left(1 + \frac{1}{n}\right)^n$$

とも書かれる。これは

$$e = \lim_{n \to 0}(1+n)^{\frac{1}{n}}$$

と同じことである。式で説明すると「nを$1/n$に変えればいい」ということなのだが、よーするに、

$$(1+\square)^{\blacksquare}$$

□はゼロに行き、■は□の逆数でかつ∞に行くとき、全体はeになる、ということがこの式の言わんとしていることなのだ。nがゼロでない限りは、式の定義で全体的にnを$1/n$に入れ替えても、同じものを別の角度から見ているだけである。

次の準備として、1問だけ問題をやってみようか。

$\displaystyle\lim_{n \to \infty}\left(1+\frac{2}{n}\right)^n$ を求めよ。

さて、

$$(1+\square)^{\blacksquare}$$

で、□はゼロに行き、■は□の逆数でかつ∞に行くとき、全体はeになるのだから、ムリヤリそのように変形してやろう。

$$(与式) = \lim_{n \to \infty}\left(\underline{\left(1+\frac{2}{n}\right)^{\frac{n}{2}}}\right)^2$$

これで下線部はeに向かうので、

$$(与式) = e^2$$

が求める値になる。答えを聞けば簡単だと思うが、自分で思いつくのは難しいかもしれない。まあ「慣れ」だ。このように、ムリヤリ変形することがポイントなのである。

Section 6.13
数列としての定義

　ところで、歴史的な e の定義 $e = \lim_{n \to \infty}(1 + \frac{1}{n})^n$ で、文字 n が使われていることにお気づきだろうか。ポチと言えば犬、アオと言えば馬を思うように、n と言えば自然数をイメージするのが数学界の常識である。本書の構成上、連続関数の微分をモチベーションに話を進めてきたので n は実数でもよいのだが、やはりもともとは自然数だった、と考えられる。では自然数とするとどうなるのか。そしてどんな問題が発生するのかをちょっと見てみよう。

　まず、自然数を使うということは、e を数列の極限として定義するのだろう。つまり「$a_n = \left(1 + \frac{1}{n}\right)^n$ $(n = 1, 2, 3, \cdots)$ のとき、$e = \lim_{n \to \infty} a_n$ とする」というものだ。別に一見何の問題もなさそうに見えるが、これでは

$$\lim_{n \to \infty}\left(1 + \frac{2}{n}\right)^n \text{の計算に困る}$$

のである。なんで？
　ポイントとなる

$$(与式) = \lim_{n \to \infty}\left(\left(1 + \frac{2}{n}\right)^{\frac{n}{2}}\right)^2$$

というムリヤリの変形があったよね。この下線部は数列で言えば

$$a_{\frac{n}{2}}\text{じゃねぇか！}$$

つまり、数列により e を定義した場合は、a_n の n が自然数なら e に収

束することを保証しているが、$\frac{n}{2}$ は自然数でない[注21]こともある。保証外である。

保証外のことをやる、それを「論理的飛躍」という。

早い話が「間違い」なのだ。

　ではどうしよう。数列による定義の問題点は離散的になってしまう[注22]ところだから、うまく「間のものも e に行ってくれますよ」と主張できれば問題は解決する。そこで、次のようにしてみる。

　まず、十分に大きな正の実数 x について[注23]、x がどれだけ大きくても

$$n \leqq x < n+1$$

となる自然数 n を見つけることができるだろう。この n に対して、

$$\begin{cases} \dfrac{1}{x} \leqq \dfrac{1}{n} \\ \dfrac{1}{n+1} < \dfrac{1}{x} \end{cases}$$

であるから、

$$\frac{1}{n+1} < \frac{1}{x} \leqq \frac{1}{n}$$

が成り立つ。全体に 1 を加えれば

注21) まあ n が偶数のときは自然数だけど、n を大きくする段階で奇数を無視するわけにはいかないでしょ。偶数だけと奇数だけで振る舞いが全く違う関数なんていくらでもある。例えば $1+(-1)^n$ だ。つまり、数列の一部だけに成り立つ議論をしたところで、それだけでは全体に対する何の保証にもならないのである。

注22) 「離散的」とは「とびとびの」という意味。とびとびの値になってしまう、ということ。

注23) 「十分大きな」は数学の枕詞で、指数を扱うときなどに登場する。例えば $1 < a < b$ のとき、x の値によっては $a^x < b^x$ とは限らないが、x が 1 より大きければ素直に $a^x < b^x$ と考えていいだろう。今回のように、無限への収束、みたいなことを考えるときは、0 や 1 近辺の場合分けは常識的に必要ないので、「十分大きな」と書くことで「そういうどーでもいいことは無視しますよ」と宣言しているのである。

$$1+\frac{1}{n+1}<1+\frac{1}{x}\leqq 1+\frac{1}{n}$$

となる。この3項はいずれも1よりは大きく、また、$n\leqq x<n+1$ という関係があるので、まずは下線部について、

$$\left(1+\frac{1}{n+1}\right)^n<\left(1+\frac{1}{x}\right)^x$$

となる。左辺の肩が $n+1$ じゃないのが残念だが、まあいいだろう。残りについても

$$\left(1+\frac{1}{x}\right)^x\leqq\left(1+\frac{1}{n}\right)^{n+1}$$

であるので、全体として

$$\left(1+\frac{1}{n+1}\right)^n<\left(1+\frac{1}{x}\right)^x\leqq\left(1+\frac{1}{n}\right)^{n+1}$$

となった。いよいよ $x\to\infty$ を考えよう。n はその決め方から、x が定まってから決まるものである。もちろん $x\to\infty$ なら $n\to\infty$ となるはずだ。最左辺は $n\to\infty$ で、

$$\lim_{n\to\infty}\left(1+\frac{1}{n+1}\right)^n=\lim_{n\to\infty}\left(1+\frac{1}{n+1}\right)^{n+1}\cdot\left(1+\frac{1}{n+1}\right)^{-1}=e$$

最右辺は $n\to\infty$ で、

$$\lim_{n\to\infty}\left(1+\frac{1}{n}\right)^{n+1}=\lim_{n\to\infty}\left(1+\frac{1}{n}\right)^n\cdot\left(1+\frac{1}{n}\right)=e$$

いずれも下線部がきちんと「数列の定義により」e に収束していることがわかるだろう。これにより最左辺、最右辺ともに e に収束するので、間に挟まれた

$$\left(1+\frac{1}{x}\right)^x$$

も e に収束する。よって

$$\lim_{x\to\infty}\left(1+\frac{1}{x}\right)^x=e$$

これで数列による e の定義から実数を入れても大丈夫な定義が導かれた。

やれやれ。で、これがあれば、
$$（与式）= \lim_{n \to \infty} \left(\left(1 + \frac{2}{n}\right)^{\frac{n}{2}}\right)^2$$
が有効になるのである。

というわけで、どーでもいいようなことに問題は潜んでいるものなのだった。いやあ、お疲れサマ。

高校の教科書はどうなっているのか、と思って見てみたら

どこも、微妙〜！

というわけで、高校生諸君はこんなことは気にしないでいいようです。もちろん一般人はなおさら気にしないでいいでしょう。筆者も深く考えるのをやめました（笑）。

Section 6.14
三角関数（$\sin x$）の微分

　本書では三角関数にはあまり深入りしない方針だが、それでも三角関数は微分したいので、そうすると加法定理をやらなくてはならない。とりあえず、微分の定義式に入れてみると、$y = \sin x$ に対して、

$$\frac{dy}{dx} = \lim_{h \to 0} \frac{\sin(x+h) - \sin x}{h}$$

となる。なぜ加法定理が必要になるかというと、

この右辺が、このままではどうしようもないから

だ。加法定理とは何かというと、$\sin(x+h)$ みたいなのをバラす方法を提供してくれる。バラしたからといって、この極限値が求まるという保証などないのだが、もともと三角関数の極限といえば、

$$\lim_{x \to 0} \frac{\sin x}{x} = 1$$

しか我々には道具はないのだから、加法定理によってこいつを使えるように変形できないかな、と期待するわけだ。

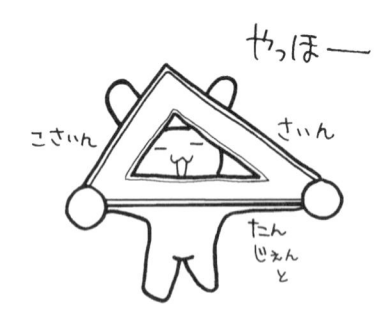

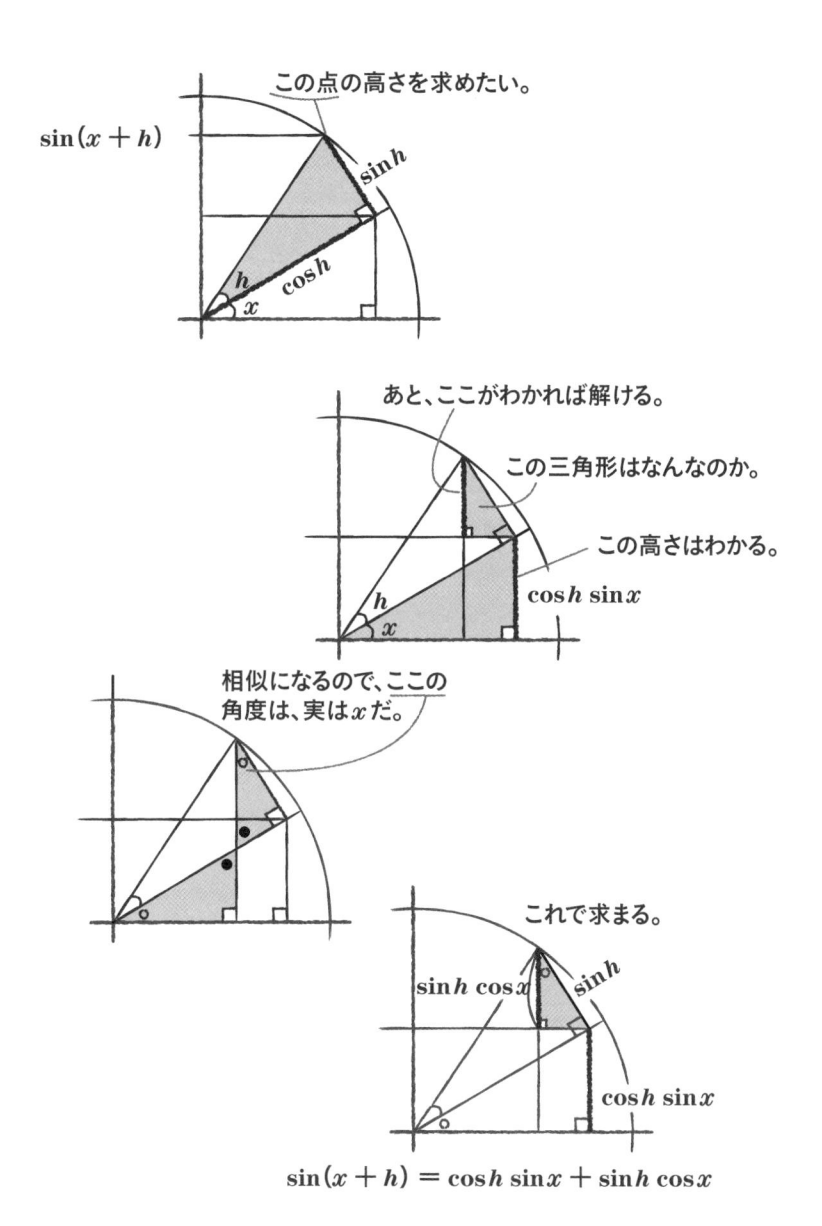

$\sin(x+h)$ この点の高さを求めたい。

$\sin h$

$\cos h$

h
x

あと、ここがわかれば解ける。

この三角形はなんなのか。

この高さはわかる。

$\cos h \sin x$

h
x

相似になるので、ここの角度は、実は x だ。

これで求まる。

$\sin h \cos x$

$\sin h$

$\cos h \sin x$

$$\sin(x+h) = \cos h \sin x + \sin h \cos x$$

　加法定理が求められたら、微分の式をイジる余地が出てきた。まず分子だけを考えよう。

6.14　三角関数（$\sin x$）の微分

$$\begin{aligned}\underline{\sin(x+h)} - \sin x &= \underline{\sin x \cos h + \sinh \cos x - \sin x}(\text{加法定理})\\&= \sin x (\underline{\cos h - 1}) + \sinh \cos x (\text{まとめただけ})\end{aligned}$$

ここで、$\cos h - 1$ の処理に困るが、ここで $\cos$ の加法定理を使う。

$$\cos(\alpha + \beta) = \cos\alpha\cos\beta - \sin\alpha\sin\beta$$

だが、ここで

$$\alpha = \beta = \frac{h}{2}$$

とするとこの式は、

$$\cos h = \cos^2\left(\frac{h}{2}\right) - \sin^2\left(\frac{h}{2}\right)$$

になる。これで何が嬉しいのか。両辺から 1 を引いてやると、

$$\cos h - 1 = -2\sin^2\left(\frac{h}{2}\right)$$

$1 = \sin^2\theta + \cos^2\theta$ なので、こうなるのだ。

こんなうまい変形、思いつかないよ

という方、ごもっともです。今、我々は道具が例の $\sin$ の極限値しかないものだから、なんとかムリヤリ $\sin$ をヒネり出そうとしているわけだけれど、ここで使った作戦は $\cos\theta - 1$ から $\sin$ の式にするための常套手段なんだよね。「常套手段」ということは、問題をやってればそのうち身につくので、別に無理して覚える必要はなくて、ここは

ふ〜ん、なるほどねぇ

と思ってもらえればいい。なお、この式変形は、h が $h/2$ になっているところから「半角の公式」という名前がついている。というわけで、

$$(\text{つづき}) = \sin x\left(-2\sin^2\frac{h}{2}\right) + \sinh \cos x$$

となる。準備はこのくらいでいいだろう。はじめの微分の式にブチ込ん

で極限を求めよう。式変形のポイントは、ムリヤリ道具が使えるカタチにすることだ。

$$\frac{\sin(x+h)-\sin x}{h} = \frac{\sin x \cdot -2\sin^2\frac{h}{2}}{h} + \frac{\sin h}{h}\cdot\cos x$$

$$= -\sin x\cdot\sin\frac{h}{2}\cdot\underline{\frac{\sin\frac{h}{2}}{\frac{h}{2}}} + \underline{\frac{\sin h}{h}}\cdot\cos x$$

これの $h\to 0$ の極限をとれば、$\sin\frac{h}{2}$ はゼロに、下線部は1になるから、

$$\lim_{h\to 0}\frac{\sin(x+h)-\sin x}{h} = \cos x$$

になる。長い道のりだったが、結果は非常にシンプルで、$\sin x$ の微分は $\cos x$ になるということだ。

Section 6.15
三角関数（$\cos x$）の微分

$\sin x$ と同様にすれば $\cos x$ の微分は求められるから、それはぜひ読者のみなさんにやってもらいたい。ここでは別の方法で求めてみることにしよう。$\sin$ の加法定理は、こんなものだった。

$$\sin(x+h) = \sin x \cos h + \sin h \cos x$$

これを、x で微分してみよう。x で微分するとき、h は何の関係もないので「定数」である。h が定数なら、$\sin h$ も $\cos h$ も定数である（でも $\cos x$ は x の関数だよ）。微分すると[注24]、

$$\cos(x+h) = \cos x \cos h + \sin h \frac{d}{dx}\cos x$$

左辺を $\cos$ の加法定理を使ってバラすと、

$$\cos x \cos h - \sin h \sin x = \cos x \cos h + \sin h \frac{d}{dx}\cos x$$

で、この式をじーっと見ると、

$$\frac{d}{dx}\cos x = -\sin x$$

が得られる。これも微分のルールに追加しておこう。

微分のルール（追加3）

$(\sin x)' \quad = \quad \cos x$

$(\cos x)' \quad = \quad -\sin x$

[注24] 微分は必ず両辺を微分すること。左辺は合成関数の微分で、$\sin \square$ を微分すると、$\cos \square \cdot (\square)'$ だが、今は $\square$ は $x+h$ で、$(\square)'$ は 1 なので、結局左辺は $\cos(x+h)$ になる。右辺はゴチャゴチャしているが、$\sin x$ と $\cos x$ が関数で残りは定数扱い。もちろん $\sin x$ の微分は $\cos x$ だ。

これで、高校で登場する微分のルールは説明しきった。前にも述べたが、このような「ルールを作る」という作業は問題を解く際には

いちいちやってられん

性質のものである。しかし、世の中には

一度はやっておいた方がいいこと

がある。部活で下級生時代にシゴかれたりするのも、人生で一回くらいは経験してもいいのではないか？
　あとはさくさくとできるように練習するだけである。

アウトソーシングする？

　世の中にはいろいろなプロが存在して、プロにはプロなりの技術がある。お洗濯は家でもできるが、クリーニング屋さんは存在し、旅行の計画など誰でもできるが、旅行代理店が存在する。生半可な知識ではプロには絶対かなわない。トートロジー的だが、

相手はプロだ。

しかし個人的には、微分の公式を作る作業と同じく、何事も一度は自分でやってみるといい。お洗濯しかり、旅行の計画しかり。そうするとプロの凄さがわかり、その結果、プロをどう使えばいいかがわかる。アウトソーシングの仕方を学ぶ最も簡単な方法は、その仕事を自分で一度やってみることである。

論理循環でダマす

　三角関数の微分で必要だった加法定理は、本編では平面幾何で求めてみたが、ベクトルを使うなど、方法は複数ある。しかし、「オイラーの式 $e^{i\theta} = \cos\theta + i\sin\theta$」から求めるのは間違いである。なぜか。

・オイラーの式は微分から求められている。
・微分は加法定理から求められている。

　ここで、加法定理をオイラーの式から求めると、論理が循環してしまうことになる。したがって、加法定理は微分を使わない方法で求めないと

砂上の楼閣

になってしまうのだ。このような論理の循環は、2段階くらいならすぐ気づくけれど、多段階になればなるほど気づきにくくなるので、

人をダマそうと思ったら、この手

であろう。根拠のない自信をもって、あれはこうだからだ、というのを繰り返して、最終的に論理の頭とお尻をつなげれば循環が起こる。循環した論理のすごいところは、

実は、主張に何の正当性もない

ということで、逆に言えば、

何の正当性もないことを主張できる

のだ。これはすごいことではないか。そこが「人をダマすなら、この手だ」という所以(ゆえん)である。そんなわけで、やすやすとダマされないように気をつけてもらいたい。数学の本にも、人生にも、この手のことは結構ある。

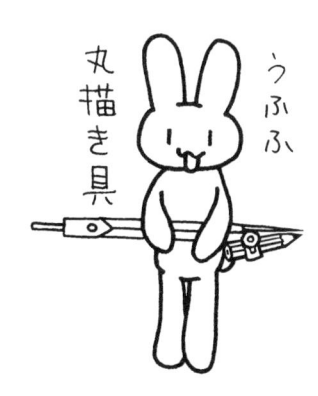

ワナビブ n コマ劇場（n は自然数）

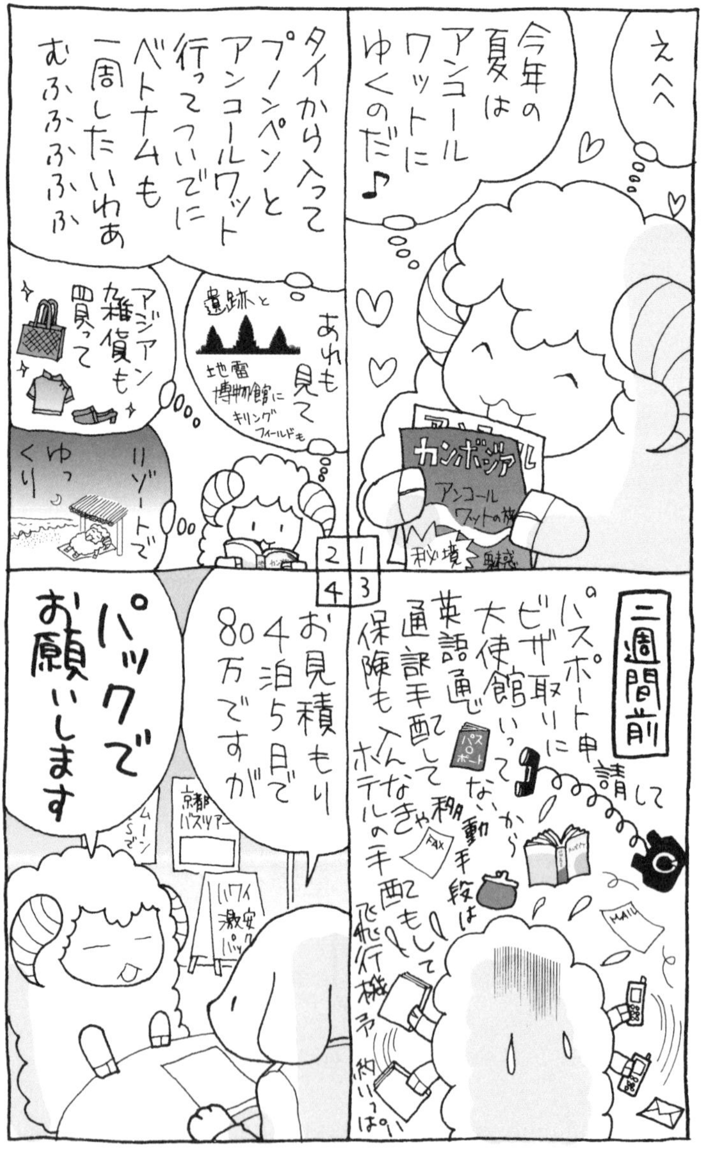

Chapter 7
裏口から積分

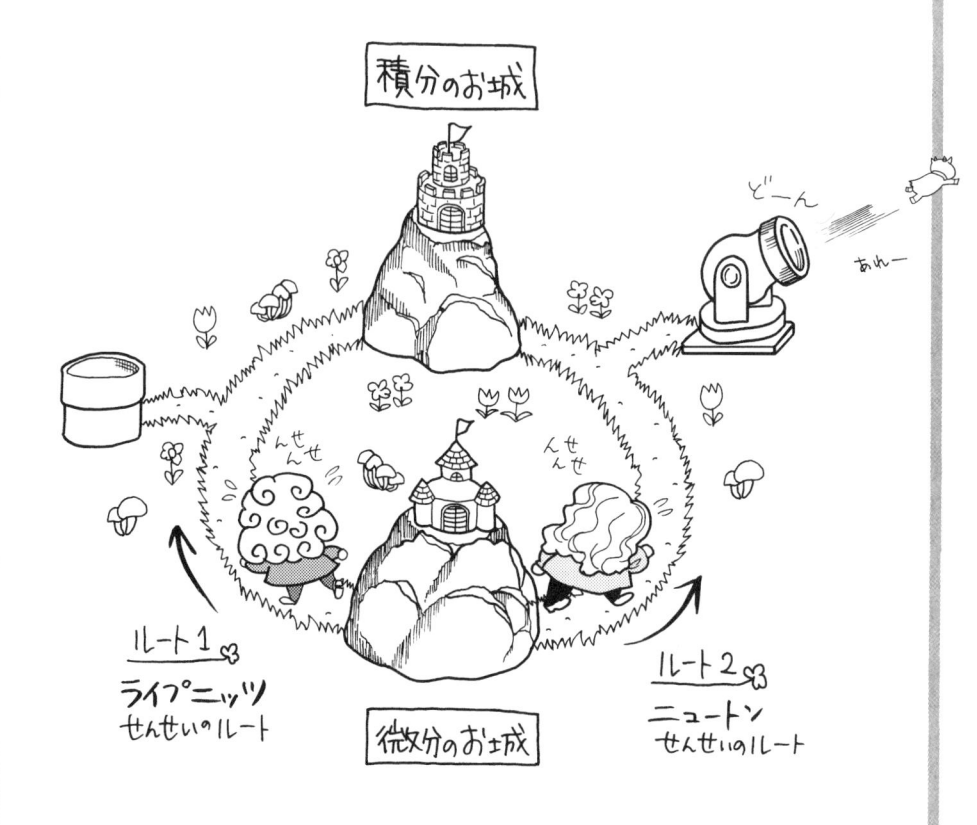

Section 7.1
微分積分学の基本定理

　ここまでの状況をまず確認しておこう。積分の考え方自体は古くギリシャ時代まで遡ることができるが、積分は普通にはとても解けないものだった。ところが2000年の刻を経て、一見全然関係なさそうな「微分の研究」が積分への道を切り拓くことになる。本書で我々も極限から微分へと話をつなげてきた。次はいよいよ積分である。

　微分と積分をつなげる魔法が「微分と積分が逆演算の関係にある」というアイディアで、このアイディアを具現化した式が「微分積分学の基本定理」と呼ばれるものである。この魔法の発見者を本書では「ニュートン先生とライプニッツ先生」ということにしておく。お二人の名前を併記するけれど、お二人で仲良く発見したわけではない。でもまあ本書ではお二人ともに敬意を表して、お二人の名前を併記することにする。それにしても2000年来の問題が偶然に同じ時代の別のところで解決されるのって、ほんと、不思議なことだよね。

　我々は積分の式を立てるところまでは練習したが、その計算法については、一応

まだ、やっていない（ことになっている）

という設定を思い出して欲しい。読者の方には当然積分の計算をできる人もいるのだろうが、今のところは17世紀の人になったつもりでいて欲しい。積分は本来53ページと253ページの図にもあるように、「数列」と「はさみうち原理」と「極限」によって計算されるものである。ところが、ニュートン先生とライプニッツ先生のアイディアによって、微分の考え方からも計算が可能になるわけだ。

　微分のところで、「定義から求める」ということをやってみれば、

いちいちこんなことやってらんねー

というのがまともな反応だと思うが、積分の「定義から求める」計算は

かなりめんどくさい

ので、いちいちやってられなさ加減は、微分の比じゃない。微分積分学の基本定理がなかったら、積分の計算がとんでもなく面倒なものになっていただろう。それを使っても積分は面倒だが、そんなこと言ったらニュートン先生とライプニッツ先生に怒られてしまう。で、微分積分学の基本定理の、キーとなる公式が

$$f(x) = \frac{d}{dx}\int_0^x f(t)\,dt$$

なのである。しかし、この公式をいきなり出されても

ふーん、だから、なに？

ってなもんだろう。他の公式とどう違うのかなんてわかるはずもない。この公式が、微分と積分をつなぐ架け橋だなんて、いったい誰が想像できるのだろうか。

　教科書も悪い。公式や定理はちっとも平等ではなくて、「格」があるのだ。重要度に差があるのに、教科書ではダラダラと並べて出てくるから、どれが重要な公式でどれがどうでもいい公式なのか全くわからない。こういうことを言うと、「勉強してる人ならわかるはずだ」とか言う人が出てくるから困るが、そういう人は、教科書が誰のためのものなのかをよく考えて欲しい。

わかってる人にしか読めない教科書の、存在価値はない

のである。わかっている人はそんな本を読む必要はないし、わからない人はその本が読めない、ならば、

その本には読者がいないじゃないか。

Section 7.2
ニュートン先生とライプニッツ先生のアイディア

というわけで、まずは「微分積分学の基本定理」を作り出すことである。大事なので枠に囲っておこう！

微分積分学の基本定理

$$f(x) = \frac{d}{dx}\int_0^x f(t)dt$$

まずは式を作って、そのあとで式の意味を追求していこう。具体例で考える。下のグラフは、東京を出発した新幹線の、時間と移動距離と速度の関係を表したものである。

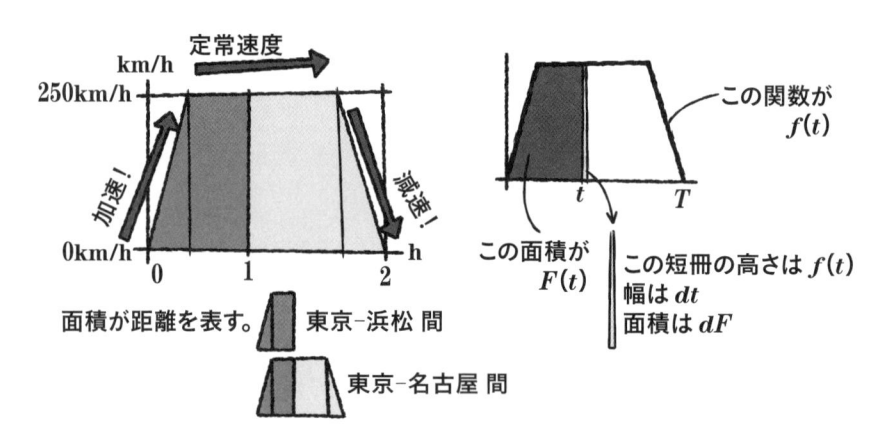

（左図）km/h、定常速度、250km/h、加速！、減速！、0km/h、0、1、2、h
面積が距離を表す。 東京-浜松 間
東京-名古屋 間

（右図）この関数が $f(t)$、この面積が $F(t)$、t、T、この短冊の高さは $f(t)$ 幅は dt 面積は dF

移動距離 $F(T)$ は、0 から T までの $f(t)$ の面積で表される。これをよく覚えておいて欲しい。式で書くと、

$$F(T) = \int_0^T f(t)\,dt$$

である。

　今のところ、我々はまだこの計算をできないことになっているが、式を作ることは何度も練習したので、この式もすぐに作れることだろう。

　ここで、今が時間 t だとしよう。そこからごく短い時間 dt が経過したときどうなるかを考える。dt の間に dF 距離だけ進むとしよう。これを速さの方で考えると、dt の間に増える面積は、

$$f(t) \cdot dt$$

である[注1]。面積が距離を表すのだから、これと dF は等しくなければならない。面積が移動距離に相当する、というのは、長い時間だろうが短い時間だろうが関係ない。どんな時間間隔であっても、その関係は成り立っているはずである。この主張を式に直すと

$$dF = f(t) \cdot dt \quad (\leftarrow この関係式がミソ)$$

となる。dt はゼロではないので[注2]、この式を書き換えると、

$$\frac{dF}{dt} = f(t) \quad \left(または、\frac{d}{dt}F(t) = f(t) と書いてもいい\right)$$

となる。これと、初めに作った式を並べて眺めるとどうだろうか。

$$F(T) = \int_0^T f(t)\,dt$$
$$\frac{d}{dt}F(t) = f(t)$$

である。式を眺めててもよくわからない、という人は、読んでみよう。

まずは読んでみるのが、理解の早道

である。これだったら、「f を積分して F、F を微分して f」と読めば、

注1）ここ、大丈夫？　不安な人は44ページ周辺を見直そう。
注2）割り算前の枕詞ね。

それだけでなんとなく結論は見えてくる気がする。

ここから教科書に載っているような公式を作りたいのだが、変数 t がややこしいので、変数を適当に変えるよ[注3]。

$$F(x) = \int_0^x f(t)\,dt$$
$$\frac{d}{dx}F(x) = f(x)$$

こうしてから、第1式を第2式に入れて F を消してみよう。

$$f(x) = \frac{d}{dx}\int_0^x f(t)\,dt$$

これで目標達成だね。教科書に載っている公式が出てきた。思ったより難しくないな、という印象だと思うが、どうだろうか。

この式をどう読めばいいのか。そしてその意味するところは何か。右辺から読んでいくと、

関数 f を積分して微分すると、もとに戻る

ということである。なんのことはないようだが、これはとんでもない主張をはらんでいる。つまり、

積分と微分が逆演算の関係

であることを示唆してくれている。

逆演算だということがわかれば話は早い。積分の計算をしたいときには、

微分してその関数になる関数を探せばいい

のだ。この手で積分が演算できる。これがニュートン先生とライプニッツ先生のアイディアである。

注3) 例えば $f(x) = x^2 + 1$ と $f(t) = t^2 + 1$ は意味することは全く同じだよね。ここでの x や t には目印としての意味しかない。コンピュータ用語では、f に入れる変数のことを引数というが、f の定義のときだけに使う目印としての変数はとくに「仮引数」という名前で「ただの目印なんだよ」ということを強調している。

Chapter 7 裏口から積分

このアイディアが我々に積分の計算法をくれた。当たり前のように積分を微分の逆演算で行っているが、それは当たり前ではなかったのである。

逆演算

　逆演算の定義は…というと面倒になるので、具体例で見てしまった方が早い。足し算と逆演算の関係にあるのは引き算である。それはなぜかというと、「3を足して、3を引くと、もとに戻る」からである。掛け算に対する逆演算は割り算だ。「3を掛けて、3で割れば、もとに戻る[注4)]」。足し算と掛け算は逆演算の関係ではない。「3を足して、3を掛けても、もとには戻らない」。

注4)　0を掛けたりしないように。

Section 7.3
ちょっとした練習

　ニュートン先生とライプニッツ先生のおかげで、数列だの「はさみうち原理」だのを考えなくても、微分を使って積分の計算ができるようになった。これはとても嬉しいことである。ちょっと問題をやってみよう。

> $\int 4x + 1\, dx$ を求めよ。

　まず、超基本的なことだが、「$\int 4x$」＋「$1\,dx$」じゃないからね。間違えなかった人は

間違えた人のことをバカにしないよーに！

どちらかというと、間違える方が自然なのだから。それを間違えないのは、

人間の偉大さ

としかいいようがない。人をバカにするのではなくて、自分を褒めるようにしよう。カッコをつけて、

$$\int (4x + 1)\, dx$$

と書けば間違える人はいないだろうが、なぜそうしないのか。

面倒だから。

つまらない理由である。慣れれば間違えないから、という言い方もできる。逆に言えば、慣れていない人は間違える、ということでもある。数

学はそんな落とし穴だらけなのだ。だから、もし何かの原因で行き詰まったとき

もしかしたら、つまらないところで引っかかってるのでは？

と考える姿勢を忘れないで欲しい。

話がそれたが、問題は「x で微分して $4x+1$ になる関数ってなあに？」と言っている。$4x$ は、x^2 を微分すると $2x$ が出てくるわけだから、「$2x^2$」を微分したもの、と考えていいだろう。1 は x を微分すれば出てくる。よって、

$$2x^2 + x$$

となり、とりあえずはこれでよい。これでよいはずだが、「定数の微分はゼロ」というルールの存在を考えると、$2x^2 + x + 1$ でも、$2x^2 + x + 5$ でも、$2x^2 + x - 1000$ でも、よいではないか。この

よいではないか

という意味を込めて、答えとしては、

$$2x^2 + x + C \quad (C は積分定数)$$

と書く。ここで強調しておきたいのは、必ず「〜 $+ C$（C は積分定数）」まで書くということだ。この「カッコ C は積分定数 カッコとじ」は、

読者に対する注釈ではない

のである。ここで、

なんで C が突然出てきたの？

と思った方！　だって、カッコでわざわざことわるんなら、

$$2x^2 + x + T \quad (T は積分定数)$$

でもよさそうだし、どうせなら

$$2x^2 + x + (積分定数)$$

でもよさそうだ。結論から言って、

理論的には正しいが、普通、そういうことはしない

のである。例えば「人の名前」など、他人と識別できればいいのだから、別に「丈彦」じゃなくても「太郎」でも「R2D2」でも「モヨ子」でも「ポチ」でも、理論的にはいいはずだ。でも、男の子に「モヨ子」は

ちょっとどうかと思いますよ

という感じだろう。そう思う根拠は何か。

社会の常識

である。それと同じ理由で、数学の世界では常識的に、文字 C を積分定数として使うのである。男の子に「太郎」とつけるのは悪くはないが、もし父も兄もみんな「太郎」という名前だったら、それはそれで、

ちょっとどうかと思いますよ

という感じだろう。数学でも、既に文字 C が別のところで別の意味で使われていた場合、他の文字を使うこともある。そこでどんな文字を使うかは、その人のセンスの問題で、C' とでもするか、C の次で D にするか、よーするになんでもいい。もともとこの C は constant（定数）の頭文字だから、アメリカ人にしてみると、

$$2x^2 + x + 定$$

みたいなカンジである。積分で出てくる定数だから「積分定数」なんて名前がついてるけれど、別にただ「定数」でも構わない。つまり、そんなに深い意味はないのだ。でも「定」と書くと試験で点が入らない（かもしれない）ので、

郷に入っては郷に従え

の精神で、「$+C$（Cは積分定数）」と書くようにしよう。そんなわけで、繰り返しだが、答案にちゃんと「（Cは積分定数）」まで書くこと。決して「$+C$」だけで終わらせてはいけない。答案にCと書いてあれば採点官は「積分定数だろうなあ」と思ってくれる。思ってはくれるが、答案ならバツをつける。「ポチ」ならば犬だろうなあと推測できても、犬とは限らないからバツにせざるを得ないのである。

このCは「なんでもいい ＝ 決まらない」ので、このようなCが出てくる積分を「不定積分」という。また、積分の結果出てくる関数を、もともとの関数という意味で「原始関数」という。別に名前などガンバッテ覚える必要はない。使っていれば覚えるし、覚えないというのは重要でないか使っていないかだ。まあ用語がわからないと困ることもあるので、次の項でちょっとだけ見ておくが。

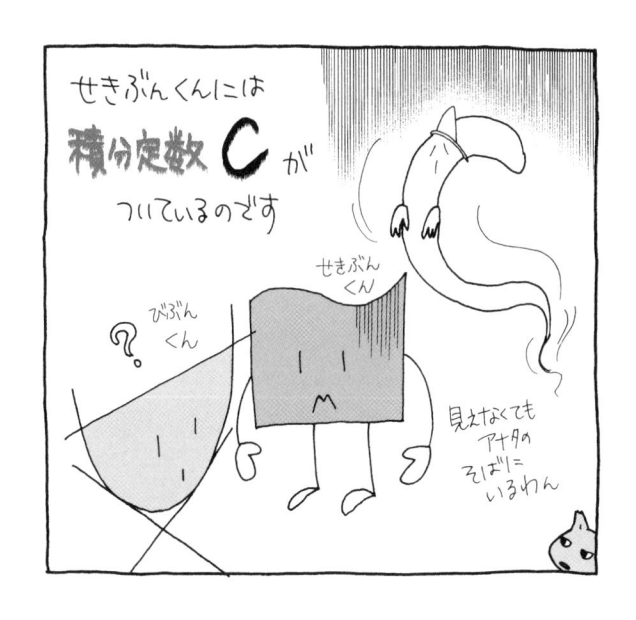

Section 7.4
定積分

　不定積分に対して、「どこからどこまで」という指定のある積分を定積分という。新しい用語として

(1) 原始関数
(2) 不定積分
(3) 定積分

が出てきた。こいつらが何者か、もう一度ハッキリさせておこう。

　　・原始関数は f に対する F。
　　・不定積分は積分定数 C が出てくるような積分。
　　・定積分は「積分範囲のついている積分」。

たいしたことはないね。
　定積分が（ストーリー的に）一番常識的な積分ということになる。公式的に言うと「原始関数に積分範囲を代入することで計算する」となるが、

そんなことは当たり前

だろう。新幹線の移動距離を考えてみて欲しい。時刻 a から b までに進んだ距離は、速度で言うと

$$\int_a^b f(t)\,dt$$

距離で言うと（$F(a)$ ってのは時刻 a のときの東京からの距離だから）

$$F(b) - F(a)$$

これらは等しいから、
$$F(b) - F(a) = \int_a^b f(t)\,dt$$
となる。つまり、右辺の積分は、左辺の代入計算で計算できるということである。非常に明解だと思うがどうだろう。

ところで今後、上の左辺のような計算はさんざん登場することになる。そこでそれについて、次のような記号を用意しておく。
$$\bigl[f(x)\bigr]_a^b = f(b) - f(a)$$

これも積分記号と同じく、b が上に、a が下になっていることに注意しよう。$\bigl[F(x)\bigr]_a^b = F(b) - F(a)$ なので、積分記号 $\int$ と対応がいいことがわかると思う。

Section 7.5
簡単な積分なら簡単

「簡単な積分なら簡単」ってアタリマエですか？ これはつまり、

難しい積分はすぐにできなくなる

ということが言いたいのだ。

基本的に、積分は難しい。微分してその関数になるものを探せばいいって言ったって、多項式なんかはすぐわからなくちゃだめだけど例えば

$$\int \frac{1}{\sqrt{x^2+1}} dx$$

なんかはどうだろう。

微分して $\frac{1}{\sqrt{x^2+1}}$ になるものなんて、見つかるか！

と言いたくならない？

したがって、こんなものは入試問題にはならないのだ。
難しい積分は、すぐにできなくなるので、

難しい積分は、出ない！　と割り切る

と、積分の出題パターンは

(1) 簡単な積分
(2) ちょっと難しい積分
(3) 難しい積分の誘導つき

しか考えられなくなる。「ちょっと難しい積分」は、部分積分や置換積分というテクニックを使わないと解けないようなものである。このテクニックについては、あとで触れる。「難しい積分の誘導つき」が積分で

は最も難しいものだろう。誘導といっても、なかなか誘導に乗れる人は少ない注5)。「難しい」とか抽象的なことを言ってても実感がわかないだろうから、早稲田の入試問題をやってみよう。

放物線 $C: y = \dfrac{x^2}{2}$ とその焦点 $F\left(0, \dfrac{1}{2}\right)$ を考える。このとき次の問いに答えよ。

① $\dfrac{d}{dx}\log(x + \sqrt{x^2+1})$ を求めよ。

② $\displaystyle\int \dfrac{1}{\sqrt{x^2+1}}\,dx$ を求めよ。

早稲田大学（1998 ⑤ 改変）
※この問題の完全版は 313 ページ参照

この問題はすごいね。どんな受験生が解けたんだろうって感じの問題だ注6)。まず、

微分はできないといけない。

説明の都合上、$y = \log(x + \sqrt{x^2+1})$ とおく。これで、y' を求めろというのが設問①だ。いわゆる「合成関数の微分」で、外側は log だから、

$$y' = \dfrac{1}{(\log \text{の中身})} \cdot (\log \text{の中身の微分})$$

とすればいい。log の中身とは「$x + \sqrt{x^2+1}$」である。こいつの微分は、

注5) センター試験では必ず「誘導」が使われるが、誘導の意図をつかむ方が普通に解くよりも難しいこともあり、誘導があるから易しくなるとは限らない。

注6) まあ、積分に慣れていればできる。結局、積分は「できる人は、できる」ので、できる人とできない人に大きく2分される傾向がある。

$$1 + \frac{x}{\sqrt{x^2+1}}$$

である。ちょっと通分しておこう。

$$1 + \frac{x}{\sqrt{x^2+1}} = \frac{\sqrt{x^2+1} + x}{\sqrt{x^2+1}}$$

だから、

$$y' = \frac{1}{x + \sqrt{x^2+1}} \cdot \frac{\sqrt{x^2+1} + x}{\sqrt{x^2+1}}$$

これでいいかと思ったら、なんと、約分できる！

$$y' = \frac{1}{\sqrt{x^2+1}}$$

というわけでこれが答えになる。

　で、②だ。これは①がヒントなのは言うまでもない。$\int \frac{1}{\sqrt{x^2+1}} dx$ を求めよ、ということだが、微分して $\frac{1}{\sqrt{x^2+1}}$ になる関数は①でやったとおり、$\log(x + \sqrt{x^2+1})$ である。つまり、積分結果はこいつなのだ。

　これはいきなり②を出しても誰も解けないから、①で原始関数を紹介しているという、あからさまな誘導問題である。

　このように、難しい積分には、必ずそれなりの誘導がついている。そうでないとおかしいのだ。

Section 7.6
部分積分

　積分は「微分してこの関数になるヤツは何かなあ」と考えるのが基本である。しかし、それは難しい場合も多い。そこで

いろいろと姑息な手段

を考えるわけだ。それが部分積分であったり置換積分であったりする。
　まず部分積分だが、部分積分は「そもそもこれをなぜ部分積分というか」というところから突っかかる人がいそうなので、定義や名前の由来は後回しにして、まずは問題を見てみることから始めよう。

$$\int xe^x dx \text{ を求めよ。}$$

　さて、xe^x の積分を求めるには、微分して xe^x になるような関数を探さねばならない。つまり、
$$\frac{d}{dx}(\text{なんか}) = xe^x$$
ならば、積分して
$$(\text{なんか}) = \int xe^x dx$$
とすることができる。

そんなの見つかるかっ！

そう。こんなのは一発で見つかるわけがないのである。ではどうするか。

積の微分を使う

という方法をとる。例えば、$x^2 e^x$ なんて関数はどうだろう。微分して

みると、
$$\frac{d}{dx}(x^2 \cdot e^x) = 2xe^x + x^2 e^x$$
これなら、
$$x^2 \cdot e^x = 2\int xe^x dx + \int x^2 e^x dx$$
となるだろう。ここでもし、下線部の$\int x^2 e^x dx$の計算がラクだったら、
$$2\int xe^x dx = x^2 \cdot e^x - \int x^2 e^x dx$$
となるので、問題は解けたも同然である。ところがこの場合、$\int x^2 e^x dx$の計算は

もとの問題よりむしろ難しい

という非常にマヌケな事態になっており、ダメである。今回はマヌケだったが、この方法には未来があるかもしれない。つまり、一発でうまい原始関数が思いつかなければ、次善の策として、「下線部が易しくなるような関数」を考える作戦をとればよさそうではないか。それでは今度はxe^xで試してみよう。

$$\frac{d}{dx}(x \cdot e^x) = xe^x + e^x$$

これを積分してみると、

$$x \cdot e^x = \int xe^x dx + \int e^x dx$$

今度の下線部は計算できる。e^xだ。そうすると、

$$\int xe^x dx = xe^x - e^x$$

となる。というわけで、「微分してxe^xになる関数」は$xe^x - e^x$と求めることができた。一応解答としては

$$\int xe^x dx = xe^x - e^x + C \quad （Cは積分定数）$$

と書く。「(C は積分定数)」はこれを読んでいる読者のために注釈として書いているのではないよ。読者が答案を書くときも必ず「カッコ、C は積分定数、カッコとじ」と口ずさみながら答案にその通り書くのだよ。もう大丈夫だよね。

このように、積の微分を念頭において、原始関数を求めようというやり方を「部分積分」という。適当な関数を考えて積の微分をしてみる。そこで、

右辺に変形できたからって、解けるとは限らない。

解けるとは限らないが、解けるかもしれない。何もしないよりマシだから、解けたらラッキー感覚でとりあえずやってみるのである。

ところで、部分積分はなぜ「部分」積分なのか。

$$\int_a^b f(x)g'(x)dx = \underline{\bigl[f(x)g(x)\bigr]_a^b} - \int_a^b f'(x)g(x)dx$$

左辺の未知の積分を、右辺に変形したとき、下線部はただの代入計算なので「計算できる」。右辺にはまだ積分が残っているけれど、一部は計算可能になった。これを指して部分積分というのである。そんなところに注目して「部分積分」っていうのかー、という気がしないでもない。しかし、意味通りの「積の微分を使った積分」と名づけるよりは、やっぱり

ネーミングのかっこよさとしては「部分積分」

の方があか抜けているだろう。

部分積分というのは、ひとつのワザの名前なのだ。だから、単なる下段の後ろ回し蹴りも「フグ・トルネード[注7]」というと、すごいワザのような気もするし、なんとなく強そうな気もする。どんな道具も使わなければ錆びてしまうので、ネーミングは結構重要なのである。

注7) 格闘家、故アンディ・フグ選手の必殺技のひとつ。本当にただの下段の後ろ回し蹴りのような気もするが、イヤ、やっぱり何か違うんだろう。必殺技だし。きっとそうだ。

7.6 部分積分

Section 7.7
置換積分

　部分積分で「積の微分」を使った。もうおわかりの通り、微分のルールの逆をやると積分のテクニックになるのだが、微分のルール自体が少ないので、あと応用できそうなルールとなると「合成関数の微分」くらいしか残っていない。まあこれが置換積分にあたるのだが、まあここは問題をやってみよう。

$$\int_1^2 \frac{dx}{x\sqrt{x+1}}$$

　まずこれは定積分だが、「1 から 2 まで」というのは「x が」が省略されているので、それを明らかにしておこう。つまり、

$$\int_{x=1}^{x=2} \frac{dx}{x\sqrt{x+1}}$$

ここに出てくる x を全て何か別の文字に置き換えて、それで

初めの問題よりも解きやすくなれば、置換積分をする意味がある。

適当な文字に置き換えることは簡単だ。例えば $x = 2t$ とおくと、

$$\begin{cases} x = 1 \to t = \dfrac{1}{2} \\ x = 2 \to t = 1 \\ \dfrac{1}{x\sqrt{x+1}} = \dfrac{1}{2t\sqrt{2t+1}} \\ dx = 2dt \end{cases}$$

第 4 式は、$x = 2t$ を微分すれば得られる。高校生的には

$$\frac{dx}{dt} = 2$$

とするべきかもしれないが、大学以上ではこれを普通に $dx = 2dt$ と書くし、筆者は高校生にこれを制限することに意味はないと思うのでこのように書く。まあ、高校生は無駄な減点を避ける意味で、答案では使わないようにした方がいい。

さて、これらを使って置き換えると、

$$\int_{t=\frac{1}{2}}^{t=1} \frac{dt}{t\sqrt{2t+1}}$$

となる。繰り返すと、もとの式の x なら x を全て何か別の文字に置き換えれば置換積分はひとまず完成する。ここまでは誰でもできるし、できなければいけない。

上記の置き換えた式を見てみよう。

だからどうした

という感じだ。設問の積分がこのように置換されたのはいいが、ちっとも解きやすくなっていない。つまり、置換積分は、

置換した結果、うまいこと解きやすい積分に還元できるかどうか

が焦点なのだ。これは決まったやり方があるわけではないので、出てきたものに慣れるしかない面もある。だから、問題をやらないといけないところなのだが、本書ではあまり問題を取り上げないのでこの分野に関する問題集の使い方を書いておこう。結論として、数をこなすことが最重要となる。つまり、

1 問に時間をかけないこと

である。少し考えて、わからなければとっとと答えを見よう。一度目はできなくていい。次でできればいいのだ。そういう練習法ならたくさんこなせるだろう。本書では微分と積分について、いろいろと議論してき

7.7 置換積分

たが、置換積分についてはあまり議論の余地はない。練習するところである。本書で練習するのではなく、練習の仕方を知って欲しいのだ。

　この問題の場合は、$t = \sqrt{x+1}$ と置いてみよう。このとき、$x = t^2 - 1$ となり、x を t で微分すると、

$$\frac{dx}{dt} = 2t$$

t とは $\sqrt{x+1}$ なのだから

$$\frac{dx}{\sqrt{x+1}} = 2dt$$

となる。これで

$$\int_{x=1}^{x=2} \frac{dx}{x\sqrt{x+1}} = \int_{x=1}^{x=2} \frac{2}{t^2-1} dt$$

となる。おっと、範囲を直さなくちゃ。

$$\begin{cases} x = 1 \to t = \sqrt{2} \\ x = 2 \to t = \sqrt{3} \end{cases}$$

よって、

$$(与式) = \int_{t=\sqrt{2}}^{t=\sqrt{3}} \frac{2}{t^2-1} dt$$

この積分を解くにはちょっとしたテクニックが必要だが、解ける。そのテクニックとは「部分分数分解」というものだ。

$$\frac{2}{t^2-1} = \frac{2}{(t-1)(t+1)} = \underline{\frac{1}{t-1} - \frac{1}{t+1}}$$

これで、

$$\begin{aligned} (与式) &= \int_{t=\sqrt{2}}^{t=\sqrt{3}} \left(\frac{1}{t-1} - \frac{1}{t+1} \right) dt \\ &= \left[\log(t-1) - \log(t+1) \right]_{t=\sqrt{2}}^{t=\sqrt{3}} \end{aligned}$$

というわけで、あとは代入して整理すればよろしい。

$$（与式）= \log \frac{(\sqrt{3}-1)(\sqrt{2}+1)}{(\sqrt{3}+1)(\sqrt{2}-1)}$$

ま、これ以上変形しなくていいでしょ。ここまでにしよう。

「置換積分」という手法は、これまでの筆者の説明にしたがった場合には

ただの変数変換でしかない。

ある技に名前がついているうちは、まだ一般的ではないのかもしれない。当たり前に、空気のようにできるようになると、名前がなくなってしまうのだ。

部分積分と置換積分を使おう

　読者の皆さんは、習ったばかりの「部分積分」や「置換積分」という用語を積極的に使うようにしよう。どんな道具も使わなければ錆びてしまうが、

使えば自分のものになる。

部分積分はただの積の微分だし、置換積分はただの変数変換だ。頭の中ではそうやって処理するのだが、口では「部分積分すると…」と言う。数学の不得意な人に限って、口では自信がないから言えず、頭では教科書に載っている定義の通りにやろうとして失敗する。本書の読者の皆さんには、本書を読んだからには、ぜひそんな泥沼にはまらず暮らしてもらいたいのだが、ただ祈るだけで泥沼にはまらないのなら筆者も祝詞(のりと)を唱えよう。そうはいかないと思うので、もう少し話を続けることにする。

　数学の先生が「部分積分をすれば求められるかもしれないねぇ。やってみようか。ほらできた」などと言いながら問題を解

く。これは、ただ積の微分をしているだけなのだ。「やってみようか」というセリフは、先生が使うと

未来を見通している神様が、愚かな子羊に向かって

「愚かな君のためにやってみせてあげようか。ほら、ちゃんと言った通りになるだろう。私を崇（あが）めよ」と言っているように聞こえてしまうものだ。大げさなようだが、大げさではない。本書の読者の皆さんはもう既に部分積分がテキトーに試してみて「うまくいったらラッキー」という性質のものであることを知っているだろう。先生の「やってみようか」がその「試してみる」という行為の実行を表すのだとわかるはずだ。しかしそんなことは、普通はわからない。まあ、先生を崇めるだけなら筆者も望ましい（笑）が、いらん劣等感を持たれてしまうとそんなものは邪魔でしかない。

プロの技術は、難しそうなことを簡単にやるところにある。

「試してみる」という行為は、経験がものを言う。しかし先生にもできることとできないことがある。試してみる前に答えを見抜くことなど

誰にも、もちろん先生にもできないこと

なのである[注8]。だから初学者が「やってみなくちゃわからない」のは当たり前であり、恥ずかしくはない。部分積分だけでなく、置換積分でも同じである。というか、積分は基本的にそうなのだ。中でも部分積分や置換積分は、トライ＆エラーが必要なところである。とりあえず試してみて、

注8)「できないこと」と言い切るのは正確ではないよね。いちいち面倒だから以後は注釈しないけれど、「できなくてもおかしくない」という意味だ。わかるよね。

気合で答えを探す

のだ。探し物に慣れていれば、ちょっとばかり見つけるのが早くなるかもしれないが、慣れていない段階ではできなくて当然で、この「慣れていなければ、できなくて当然」という原理をキーに、日常のいろいろなストレスへの対策を考えるべきである。

だから例えば、本文中でも述べたが、問題集を解くならば時間をかけない。ちょっと試してみてできなければ、とっとと答えを見よう。問題集に載るくらいだから、きっと解けるはずの問題なのだろうが、解けないのは自分が初学者で経験が足りないせいだ。だったら、次に見たときに解ければいい。そういう使い方をするためには、

解答として「答え」しか書いていないような問題集はダメだ。

そういう問題集は、初期トレーニング用ではない。どんなにいい本も使い方を間違えば毒になる。初期の段階では、問題を解ききるよりもむしろ思考過程をトレーニングするべきだ。それなのに最後まで解ききらないと正誤さえわからないような問題集では、時間がいくらあっても足りない。ピアノの練習曲が難しかったら、難しいところを繰り返し練習して、ある程度やったところで「じゃあ1曲通してやってみようか」となるだろう。答えしか載っていない問題集では、

毎回必ず1曲全部練習させられるようなもの

である。これでは努力の割に成果が上がらない。上がるわけがない。肝心なところの練習量はヘタすると人に劣ってしまうのだから。

高校範囲の数学で経験がものを言うところは、

積分と因数分解

である。共通点は、どちらも「難しい」ということだ。
　筆者は数学を極めきったわけではないので、こんな本を書いているからといって

万能の数学者

だと思わないで欲しい。こんなことは「教師」と名のつく人はみな自分の身に照らして考えると思うので、多かれ少なかれ思い当たると思うけれど、

意外に学生には、それがわからない。

なぜなら、筆者にはとてもわからないような質問をしてくる人がいるからである（笑）。
　それはそうと、例えば次の問題はどうだろう。まあ気の早い人もいると思うので問題を提示する前に注意しておくが、「難しい」という話をしたいので、できなくてもともとである。うっかり時間を使わないように。

$2x^6 - x^5 + 3x^4 + 4x^3 + 2x^2 - 7x + 2$ を因数分解せよ。

これ、できる？　できなくていいよ。できなくていいけど、

先生に訊かないように（笑）。

いや、訊いてみてもおもしろいかもしれない。多分笑ってあしらわれるのがオチだろう。なぜかというと、これは「できなくても恥ずかしくない」問題で、先生というプロフェッショナル

な人々はそのことを知っているからだ。別に先生だけの秘密ではないので次のことを知っておこう。

3次以上の多項式の因数分解はできなくて当然

なのである。

　数学に限らず、できて当然なことと

できなくて当然

なことがある。試験慣れしてくると「解けない ＝ 努力が足りない」という方程式が刷り込まれてくるが、実際はそうとは限らない。というか、

世の中解けないことばっか

なのである。うっかりこの点に気づかないと、大学で研究室に配属されたときに途方に暮れることになる。冷静に考えて、解けることばかりなら研究室など要らない。解けないことやわからないことばかりだから、研究室もたくさんあるのだ。数学に話を戻すと、「できない」にもいろいろレベルがあって、

(1) 小学生にはできなくて当たり前
(2) 中学生にはできなくて当たり前
(3) 高校生にはできなくて当たり前
(4) 大学生にはできなくて当たり前
(5) 数学者にもできなくて当たり前
(6) そもそも、できてはいけない

と大雑把に区切ってみたが、実は「数学者でもできない級」の問題はそこらじゅうに転がっている。日頃できて当然の問題ば

かりやらされているとそのあたりの感覚が麻痺してきてしまうものだが、例えば適当にでっち上げた多項式の因数分解ならあっという間に「数学者でもできない級」になるのだ。大学受験に最も身近な「数学者でもできない級」の問題は次の２つ[注9]である。

(1) 因数分解
(2) 積分

積分が「数学者でもできない級」なのだから、もちろん部分積分や置換積分も「数学者でもできない級」である。この２つに共通することは、一般的な解法がないことだ。
　因数分解や積分は、できなくて当たり前なのである。ただし、因数分解なら、２次までならできなくてはいけない。２次までなら、解法が存在するからである。積分は因数分解ほど明確な基準はないが、

　　　今までに出題されたパターンでしか、出題されない

と思ってよいだろう。これは数学の先生が怠慢なわけでもなんでもなく、

　　　出題して解かせられるような積分は、それほどストックがない

すなわち、それ以外の積分はアッという間に誰にも解けない難問となってしまうのだ。だから、積分は経験を積むことが対策になる。そのためには、ひとつの問題で考え込むことは得策ではない。経験が足りないことが原因なら、経験を積めるような

注9) この２つも実はつながってくるのだが。

工夫を考えることである。

そんなわけなので、積分の問題をもし解けなくても落ち込む必要はない。

そんなことでヘコんでたら積分なんてできない。

狡猾(こうかつ)な子どもが「自分が子どもであること」を利用するように、狡猾な女が「自分が女であること」を利用するように、初学者は自分が初学者であることを利用しよう。できるべきところと、できなくてよいところを区別できるようになったら、それは既に上達の階段をのぼり始めているということである。

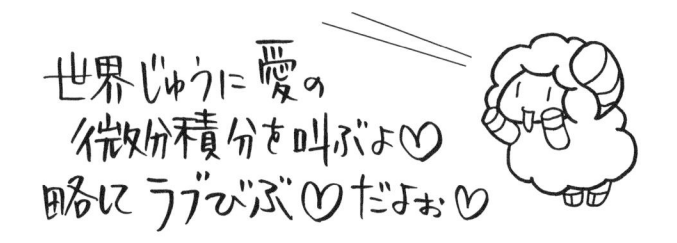

世界じゅうに愛の微分積分を叫ぶよ♡
略にラブびぶ♡だよぉ♡

Section 7.8
区分求積法の凄さ

　区分求積法は指導要領的には高校数学の範囲を出たり入ったりしているようだ。本書は指導要領なんてくだらないものは参考にはするが準拠はしないので、概念の理解のために筆者が必要だと思うことは、範囲外だろうがなんだろうが、やる。とりあえず区分求積法の公式を挙げよう。
　ただその前に注意しておくと、式自体はゴチャゴチャしているが、これは一般的に書いているからわかりにくいだけで、それほどすごいことを言っているわけではない。だから、

式だけ見て「うわ〜、俺には無理だ」と思わないこと。

もちろん、覚えようとすれば撃ち落とされるだろう。とっとと先に読み進んで欲しい。

区分求積法

区間 $a \leqq x \leqq b$ を n 等分して、分点を
$$x_k = a + \frac{b-a}{n} \cdot k \quad (k=1,\ 2,\ 3,\ \cdots,\ n)$$
とする。このとき、$a \leqq x \leqq b$ で定義された連続関数 $f(x)$ に対して
$$\lim_{n \to \infty} \frac{b-a}{n} \sum_{k=1}^{n} f(x_n) = \int_a^b f(x)dx$$
が成立する。

　普通の感想は「何がスゴイの？」だろうと思う。そりゃそうだ。オイラーの式のような超弩級の公式[注10]は、比較的その凄さが世間に認知さ

れやすい[注11]が、こいつはまさにクロウト好みのおそるべき式だ。筆者は本書のような偏った解説を読んでくれている読者に敬意を表して、ぜひこの公式の凄さを伝えてあげたい。

それでは問題を見てみよう。

> $f(x) = x^2 + 1$ とする。関数 $y = f(x)$、x軸、y軸、$x = 3$ で囲まれた部分の面積 S を求めよ。

積分を知っている人はサクッと解いてしまうだろうが、今、我々はそれを知らない時代の人間のつもりになろう。まず、次のように考える。積分区間をとりあえず5分割してみよう。

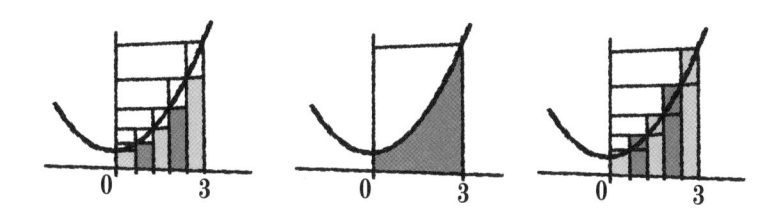

ここで、大小関係に注目して欲しい。左右のどちらも求めたい面積 S の近似を与えているが、左は必ず S より小さく、右は必ず大きい。今回は5分割したが、もっと分割数を増やせばもっと近似がよくなることは明らかだろう。これを式処理で表すことを考える。分割数は n とするよ。

まず、左の面積。短冊の幅は3をn分割しているのだから $\frac{3}{n}$ である。

1番目の短冊は、高さは $f(0)$ だ。

2番目の短冊は、高さは $f\left(\frac{3}{n}\right)$ だ。

注10)「超弩級」は数学用語じゃなくて、「すごい」という意味の日常語。ウルトラ級、スペシャル級などと同じ。

注11) といっても、シロウトにはわからないわけだが。逆に言えば、オイラーの式の凄さがわかる人はもはやシロウトではない。

3番目の短冊は、高さは$f\left(\dfrac{6}{n}\right)$だ。

4番目の短冊は、高さは$f\left(\dfrac{9}{n}\right)$だ。

5番目の短冊は、高さは$f\left(\dfrac{12}{n}\right)$だ。

ここまで書けば、賢明なる読者の方は次のルールに気づいてくれるだろう。つまり、

「k番目の短冊の高さは、$f\left(\dfrac{3(k-1)}{n}\right)$だ。」

ということは、k番目の短冊の面積は

$$f\left(\dfrac{3(k-1)}{n}\right)\cdot\dfrac{3}{n}$$

短冊は何枚あるのかな？　n枚だよね。つまり、kを1からnまで変化させて加えればいい。これをそのまま式に翻訳すると、

$$\sum_{k=1}^{n}f\left(\dfrac{3(k-1)}{n}\right)\cdot\dfrac{3}{n}$$

これが、左の面積である。

同じように右の面積も作ろう。同じような説明になってしまうが、

ここは説明のしどころ

だと思うので、面倒でも、やる。

短冊の幅は3をn分割しているのだから$\dfrac{3}{n}$である。

1番目の短冊は、高さは$f\left(\dfrac{3}{n}\right)$だ。

2番目の短冊は、高さは$f\left(\dfrac{6}{n}\right)$だ。

3番目の短冊は、高さは$f\left(\dfrac{9}{n}\right)$だ。

4番目の短冊は、高さは$f\left(\dfrac{12}{n}\right)$だ。

5番目の短冊は、高さは$f\left(\dfrac{15}{n}\right)$だ。

ここまで書けば、賢明なる読者の方は次のルールに気づいてくれるだろう。つまり、

「k 番目の短冊の高さは、$f\left(\dfrac{3k}{n}\right)$だ。」

左の場合と微妙に違うのがおわかりだろうか。この微妙な違いを、慣れていないうちに暗算で求めるのは不可能である。上記のようにキッチリ考えてもらいたい。というわけで、k 番目の短冊の面積は

$$f\left(\dfrac{3k}{n}\right)\cdot\dfrac{3}{n}$$

短冊は何枚あるのかな？ n 枚だよね。k を 1 から n まで変化させて加える、というのをそのまま式に翻訳すると、

$$\sum_{k=1}^{n}f\left(\dfrac{3k}{n}\right)\cdot\dfrac{3}{n}$$

となる。これが、右の面積である。

Σ のままだと後の計算に差し支えるので、Σ を計算して簡単にしておこう。本書では Σ の計算については詳しく説明しないので、適宜参考書などを参考にしてもらいたい。筆者の説明が聞きたければ『数デキ』[注12]でよろしく。

左の面積について：

$$\sum_{k=1}^{n}f\left(\dfrac{3(k-1)}{n}\right)\cdot\dfrac{3}{n} = \dfrac{3}{n}\sum_{k=1}^{n}\left(\left(\dfrac{3(k-1)}{n}\right)^2+1\right)$$

$$= 3+\dfrac{27}{n^3}\sum_{k=1}^{n}(k-1)^2$$

注12)『数学のできる人できない人』荒地出版社刊。技術評論社から復刊予定。

$$= 3 + \frac{27}{n^3} \sum_{k=0}^{n-1} k^2$$

$$= 3 + \frac{27}{n^3} \cdot \frac{1}{6}(n-1)n(2n-1)$$

$$= 3 + \frac{9}{2}\left(1 - \frac{1}{n}\right)\left(2 - \frac{1}{n}\right)$$

右の面積について：

$$\sum_{k=1}^{n} f\left(\frac{3k}{n}\right) \cdot \frac{3}{n} = \frac{3}{n} \sum_{k=1}^{n}\left(\left(\frac{3k}{n}\right)^2 + 1\right)$$

$$= 3 + \frac{27}{n^3} \sum_{k=1}^{n} k^2$$

$$= 3 + \frac{27}{n^3} \cdot \frac{1}{6}n(n+1)(2n+1)$$

$$= 3 + \frac{9}{2}\left(1 + \frac{1}{n}\right)\left(2 + \frac{1}{n}\right)$$

間が延びたので確認しておこう。分割数 n をどんなに大きくしても

（左の短冊の和）＜（真の面積）＜（右の短冊の和）

という大小関係は維持される。これを式で表すと、

$$3 + \frac{9}{2}\left(1 - \frac{1}{n}\right)\left(2 - \frac{1}{n}\right) < \int_0^3 f(x)dx < 3 + \frac{9}{2}\left(1 + \frac{1}{n}\right)\left(2 + \frac{1}{n}\right)$$

となる。常識的に分割数 n を大きくすれば近似がよくなることはわかるだろう。n が大きくなると、上の関係式はどうなるのだろうか。式の中の $\frac{1}{n}$ は n が大きくなればゼロに限りなく近づく。つまり、n が大きくなれば、最左辺は 12 に近づき、最右辺も 12 に近づく。必ず大小関係が維持されるなら、左右から 12 に近づくなら

$$\int_0^3 f(x)dx\text{ も 12 に近づいていくだろう}$$

という推論が可能であり、バシッと求まる。

ところで、これは一見それっぽいが

実は、区分求積法でも何でもない。

「はさみうち原理」によってきちんと（？）求められているじゃないか。このように、

はさみうち原理で解決できるなら、そいつで解決すればいい

のであった。困るものは何だろう。次の問題はどうか。

$f(x) = -x^2 + 1$ とする。関数 $y = f(x)$ と x 軸で囲まれた部分の面積 S を求めよ。

さきの問題と同じように、Σの式で挟むこと念頭に置きながら図を描く。さっきの場合にはうまいこと挟めたよね。今回はどうだろう。

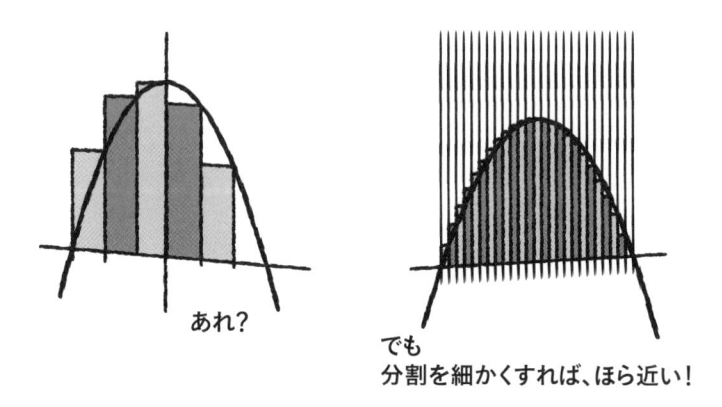

あれ？

でも
分割を細かくすれば、ほら近い！

普通にやると真の面積より多いか少ないかわからないじゃないか。

もちろん、頑張って場合分けすればうまくいくかもしれないが、

常識的に、分割数 n を細かくすれば、いい近似になりそう

な気がしない？

だから区分求積法

はさみうち原理では説明しきれないが、さきの問題は常識的に、分割を細かくすれば真の値に近づきそうな気がする。そこで

「それを認めちゃいましょう」というのが区分求積法

なのである。ここでもう一度定義の式（248ページ）を見て欲しい。
　この式の中の等号はとんでもない。

左右をつなぐ理由がない

のである。左辺を変形すれば右辺になる、というものではない。というか、どう変形しても右辺にはならない。どう変形しても同じにならないものが、イコールでつながれている状態を何と言うか。

定義と言う。

つまり、このイコールの両辺をつなぐものは、式変形ではなくて、「まあどちらも面積になるよね」という

常識

を表しているのである。前フリで述べた、区分求積法の凄さはここなのだ。厳密さを売りにする「数学」で、こんないい加減なことがあっていいのか？　と思わないことはないが、そもそも

数学が「厳密さを売りにする」という時点で大いなる誤解

だということだ[注13]。数学は決められた通りに処理していけばいい「記号処理」の学問である。だから、教科書に「区分求積法はこのように定

注13）まあそうは言っても、本当にそれでいいのか、と疑問に思う人は存在するわけで、やっぱりもっと厳密っぽく考えたいなあ、という人はぜひ、大学の数学科へ行ってください。

義する」と書いてあれば、そのように計算を実行するだけなのだ。しかし筆者の参照した高校教科書にはどこにも「定義する」とは書いていなかった。イヤらしい。実のところ、確かにこれは定義ではない。大学範囲の知識を持っていれば、右辺と左辺をつなぐことができる。しかし、高校の教科書は、大学範囲の知識を持っていないことが前提だろ？「等式の証明は高校範囲じゃできないけど、常識的に正しそうだし、便利だから、結果先取りで使っていいよ」ということなのかな。

それならそれで、そーやって書いてよ！

筆者は高校時代、この定理がなんとなくはわかるものの、今ひとつピンとこない面があった。そりゃそうだ。

高校までの知識では、わからなくて正解

なのである。悩んだ自分が愚かすぎて可愛いらしい。区分求積法は偉い先生から見たら定理、すなわち証明可能なのだが、高校生には証明不能なので「定義」と同等なのである。教科書は、誰が、誰に向かって書いているのか全くわからないが、とにかくそういうことなので、高校範囲を守備範囲とする本書では定義と同等に扱い、

「それを認めちゃいましょう」というのが区分求積法

と考えることにする。

行き止まりの果てに

というわけで区分求積法を紹介したわけだが、ある意味、

こんなの、やってられん！

と思うだろう。たかが面積を求めるのに、いちいち短冊に切り刻んでΣの式を立てるのかと思うと実にうんざりする。

ところが歴史的に、積分の計算は突然ラクちんにできるようになって

しまうのである。山を越えて街に行くために、いろいろな登山グッズを研究していたら、突然トンネルが開通してしまったというわけだ。それは微分の方の研究の成果なのだが、この「別のやり方で解決した」というのは大きなコトである。ネタに対して

ウラがとれた[注14)]

ことに相当する。

　試験中、今書いた答えが合ってるのかどうか、誰でも不安なものである。それは数学者にとっても同じことで、自分の研究が正しいのかどうか、もちろん「正しいだろう」という信念があるから研究を続けられるのだが、それでも不安は消えない。試験なら後で教授に聞きに行けば正解を教えてもらえるかもしれないが、研究の場合、世界中の誰も知らないようなことを調べているのである。そういう状態のところへ

突然、検算結果が来た

のである。はたして積分の研究をしていた数学者がどのような感想を持っただろうか。「やっぱり自分の研究は合ってた。よかった」か、「しまった、先を越された」か。いろいろと想像してみることができるところだが、いずれにせよ、微分と積分が結びついたという事件は、かなりの

どんでん返し

だったことに違いない。

注14) ある情報に対して、別の情報ソースから情報を集めて信憑性(しんぴょう)を上げることを、「ウラをとる」という。ここでは、別々に研究していた微分と積分が思わぬところで結びついてドッキリ、という話だ。

もどっておいで

　傾き（変化率）を極限の考え方を使って求めることが微分の本質である、ということは、ルールにないものが出てきたら（＝ わけのわからん式に出会ったら）

ここに戻っておいで

と教えてくれている。積分についても同様だ。積分の基本的な考え方はChapter1で述べた通りである。本章では、そのアイディアを実現したにすぎない。どちらが大事、という問題ではないかもしれないが、敢えて序列をつけるならば、やはりアイディアの方だろう。それがなければ、何も起こらないからである。

　「学習とは何のためにするのか」という問いに対して、ある認知行動学の本では

未知なるものへの対応を可能にするためだ

とズバリ定義していたが、まさにこれである。今までに起こったことのないような災害に対して、首長たる人物が「はじめてだから対応できませんでした」とコメントを出すことは、バカを証明しているようなものである。どんなに学習していても、未知なる事態に対しては対処を誤る可能性はあるだろう。それは仕方のないことだ。けれども、「はじめてだから」ということを理由にしたら、自分のバカさを高らかに宣言しているようなものではないか。

　よーするに、未知じゃないものは、ルールを使ってさっさと解けばい

いのである。未知じゃないものにあえて定義から求めてみてるのは、

単なる訓練

にすぎない。微分は定義とルールとで2通りの解決方法を我々に提供してくれているが、微分の定義はイザというときに使うものである。そして、

イザというときの用意をしておくと、カッコイイ

と筆者は思う。こういう準備は、大概ムダになる。しかしそういうところに男のロマンを感じるのだが、読者の皆さんはどうだろうか。

ところで、そういうことを考えると、「パターンを覚えて問題を解く」なんてのはいったいどうなのだろうか。パターンを覚えて「未知の問題に備える」というならともかく、パターンを覚え尽くして、「覚えた中から問題が出れば、できる」なんてのは

そんなのは、学習じゃない。

しかし！　しかし、だ。そういう勉強法で通る大学がある。たくさんある。また、「そうであってくれないと困る」という人は、本書の読者でさえも少なからず存在するだろう。しかし筆者はあえて、

記憶力に依存するような数学の試験なんか、ヤメちまえ

と言いたい。記憶力のテストなら数学なんかを使わずとも、代替しうるよりよい方法があるだろう。くだらない試験問題を出しているくせに、

学生はもっと本質的な勉強をするべきだ

などというもっともらしいお説教を発表する大学は少なからずあるが、

恥を知れ

と言いたい。学生はテストの出題に対応して勉強しているだけである。学生が本質的な勉強をしないと嘆く前に、自分の出題方式を見直したらどうだ。いかにも正論っぽいコメントで、弱い立場にある学生に責任を押しつけるな。

学生は賢いから、試験に対応した勉強をする。受験生は数学ができることが人生の目的じゃなくて、大学に入ることが目的である。そしてその大学がパターン記憶法で入れるなら、試練だと思ってそういう勉強法をとることは

全く責められない。

受験生は受験生なりに考えて、最良の方法を選択しようとしているのだから。全てはそういう入試をする大学と文部科学省が悪い。

英語や国語や歴史なら、授業は嫌いで成績は取れないけど、詩が好きとか小説が好きとか、そういう話はいくらでもあるだろう。つまり

受験と、その学問自体の楽しみが分離されている

のだが、理系教科、とくに数学はその分離がうまくいっていない。だからお願いである。受験は受験。数学は数学。

受験勉強で数学を嫌いにならないで欲しい。

数学は考えないと決して面白くはならない。数学の「楽しみ」は考えることにある。楽しみたければ考えよう。受験生諸君は大学や文部科学省の嫌がらせに負けない強さを持って欲しい。

ワナビブnコマ劇場（nは自然数）

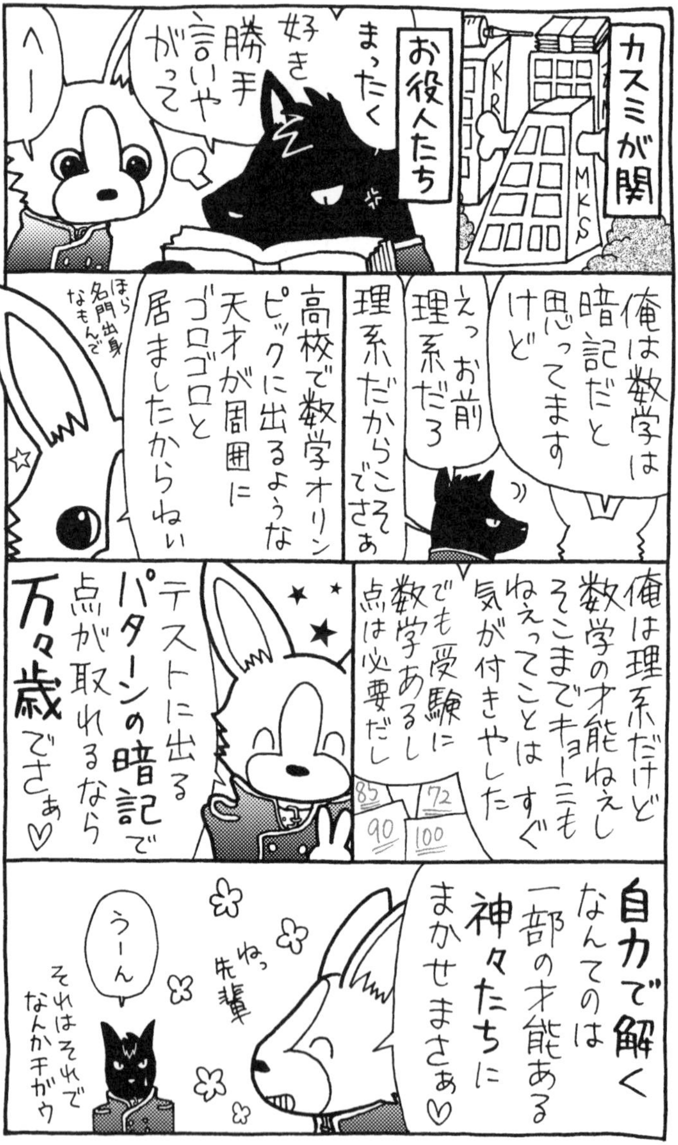

Chapter8

微積分の
ちょっと深みへ

微分♥積分♥いい気分♥……って
高校で習うけど
じゃ現実でどーやって使うの？コレ!?
どう人生の役に立つの!?……って
話だよ!!

まぁまぁ

まったく余分なことを

実は大学の範囲だ

つまり実践編です

Section 8.1
100%を超えて

前章までで高校範囲の微分積分は

だいたいやりきった！

まだ使いこなせないよー、という人もいるだろうが、もういいから次のことをやんなさい。ひとつのことを完璧にしてからじゃないと次に行けないという

目的を見失った完璧主義には未来がない

のでやめよう[注1)]。入門したてはググッとうまくなるが、だんだんに最初のペースでは上達しなくなってくる。当然だ。だからこそ、高校範囲の数学を100%理解するために高校範囲だけを繰り返し練習するのは

費用対効果が悪い。

学習効果は立ち上がりが高く、ここまでで微分積分の8割方は終わったわけだから、それなら「その先の数学」に触れつつ、「新しいことの立ち上がり」を使うのがいいだろう。筆者としては本章は微分積分としては高校範囲超えの部分と思っている。高校範囲外のことをやりたいわけじゃない。

高校範囲外の数学を道具として、
高校範囲の数学を完璧にしたい

わけだ。基礎は応用の応用である。先のことをやれば、今やってること

注1) ここでいう完璧主義の「完璧」とは、「理解を完璧」にすることであって「学ぶ順序を完璧に守る」ことではないだろう。本当の完璧主義なら、目的のためには手段を選ばぬ、となるはずである。

が見えてくる。

🐾🐾🐾🐾🐾🐾🐾🐾🐾🐾🐾🐾🐾🐾

本章で扱うのは

・平均値定理と中間値定理
・テーラー展開

である。平均値定理と中間値定理は高校範囲内だが、あえて本章でやる。テーラー展開は基本的には大学教養課程の話題だが、その結果や考え方は、入試問題としてよく使われる。これらは前述の「高校範囲外のことを使って高校範囲を完璧にしたい」に適切な題材なんじゃないかなー、と思うがどうだろうか。

では早速始めよう。

Section 8.2
平均値定理と中間値定理

日本語で言ってよ

　これから平均値定理と中間値定理を紹介しようと思うが、例によってあらかじめ注意しておくと、これを読んでフムフムと納得できる人がいたら、

変態か、もともとわかってた人

に違いない。ハッキリ言って日本語じゃないので、とりあえず適当に読み流して、あとの解説に進むようにして欲しい。この定義を解読するのに時間をかけるのは、明らかに時間の使い方を間違えている。

[平均値定理] 関数 $f(x)$ が閉区間 $[a, b]$ で連続で、開区間 (a, b) で微分可能ならば、

$$f'(c) = \frac{f(b) - f(a)}{b - a}, \ a < c < b$$

を満たす実数 c が、少なくとも1つ存在する。

[中間値定理] 閉区間 $[a, b]$ で連続な関数 $f(x)$ の、この区間における最大値を M、最小値を m とするとき、$m \neq M$ ならば、$m < k < M$ である任意の実数 k に対して

$$f(c) = k, \ a < c < b$$

を満たす実数 c が、少なくとも1つ存在する。

どう？ でもこれは実はごく単純で簡単なことを言っているにすぎない。

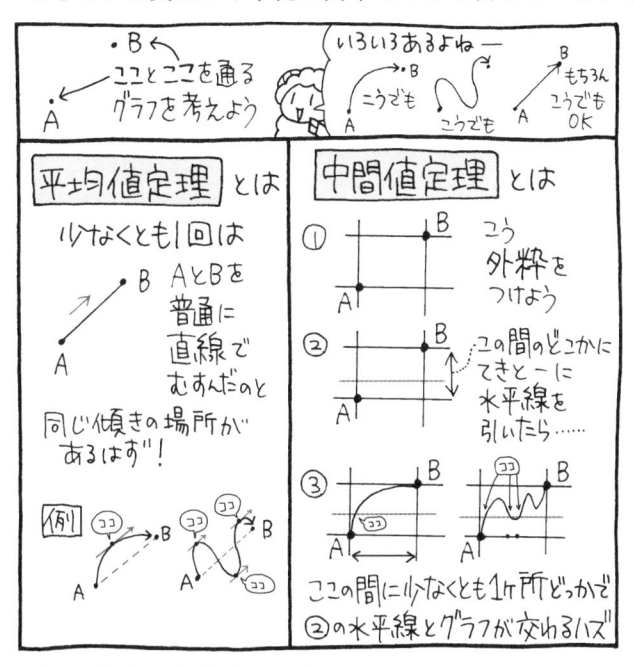

A 地点から B 地点に移動するとき、
平均値定理は「1 回はこっちの方角を向くだろう」
中間値定理は「途中の線は 1 回は横切るだろう」
と、こんなものである。これは図を見たほうが圧倒的に簡単[注2)]なので、図を見て納得して欲しい。「閉区間で連続」とか「開区間で微分可能」とかいう条件はすべて

物事がうまくいくための前提

であり、枕詞である。とりあえず読み飛ばしても構わない。というか、読み飛ばすべきだ。その方が主張が浮き彫りになる。

あらゆるシステムは使う側と作る側でアンバランスがあり、使うだけなら「スイッチの押し方」を覚えればいい。自動販売機でジュースを買

注2) 本書は『マンガでわかる』シリーズじゃないので、あまりこの手は使いたくなかった…。

うのは3歳の子供でもできる。しかし自動販売機を作るのは3歳にはできない。ボタンを複数同時に押されたらどうするか。お金じゃないものが入ってきたらどうするか。考えられる限りの「正しくない使い方」を想定しておかないとトラブルが起こる。これは数学でも同じである。我々は最終的には「作る側」になるのが目標だが、とりあえず「使う側」になろう。まずは主張を理解することである。

入試問題になるとこんなもん

関数 $f(x)$, $g(x)$ はいずれも $x \geq 0$ において連続で、かつ $g(x) > 0$ であるとする。さらに、$x \geq 0$ において関数 $H(x)$, $G(x)$ を

$$H(x) = \int_0^x f(t)g(t)dt, \ G(x) = \int_0^x g(t)dt$$

と定義する。次の各問いに答えよ。

(1) $b > 0$ が与えられたとき、$x \geq 0$ において関数 $P(x)$ を

$$P(x) = G(b)H(x) - H(b)G(x)$$

と定義すると、

$$P'(c) = 0, \ 0 < c < b$$

となる実数 c が存在することを示せ。

(2) $b > 0$ ならば、

$$\frac{H(b)}{G(b)} = f(c), \ 0 < c < b$$

となる実数 c が存在することを示せ。　　（神戸大学 後期 1998）

定理の主張が理解できたら、次は入試問題でどのように出題されるかを見てみよう。この場合は「定理が使える条件かどうか」をチェックし

て「○○だから、定理が使える。だから○○定理により、○○である」という論理に持ち込むわけだ。

かなりヘビィな問題である。さすが後期。

こういうのは

ビビったら負け。

書いてあるとおりにやっていくことだ。「存在することを示せ」とあるから、これはもう、

平均値定理か中間値定理を使ってくれ

と言っているようなものである。この声が聞こえるようになれば、問題が解けるようになる。

どうして「存在することを示せ」とあると平均値定理か中間値定理になるのだろうか。存在を示す一番手っ取り早い方法は、解を求めてしまうことだからだ。解が求まれば存在を証明したことになる。解が求められる問題ならば、出題者は「解を求めよ」という設問にするだろう。そのように書いていないということは、つまり、

解は求まりにくい、または、求められない。

だから、きっと平均値定理か中間値定理だな、という勘が働くのである。

さて、$P(x)$ がワケわからないが、とりあえず目標が「$0 < c < b$ なる c」の存在を示すことである。平均値定理が使えるカタチにするには、$P(0)$ と $P(b)$ がわかればうまくいきそうだ。$P(0)$ は、P の定義に $x = 0$ を入れればすぐにゼロとわかる。$P(x)$ に $x = b$ を入れてみると $P(b) = 0$ となる。$P(0) = P(b)$ のとき、平均値定理は「水平方向を向くことが『在る』」と教えてくれるので、設問の「存在することを示せ」に答えたことになるわけだ。えっ、何を言ってるかわからない？　ええい！

次ページの図を見よ[注3]！　難しくないんだ、こんなことは。

注3)　ああっ、また図に頼ってしまった…。

P(x)がこうでも、

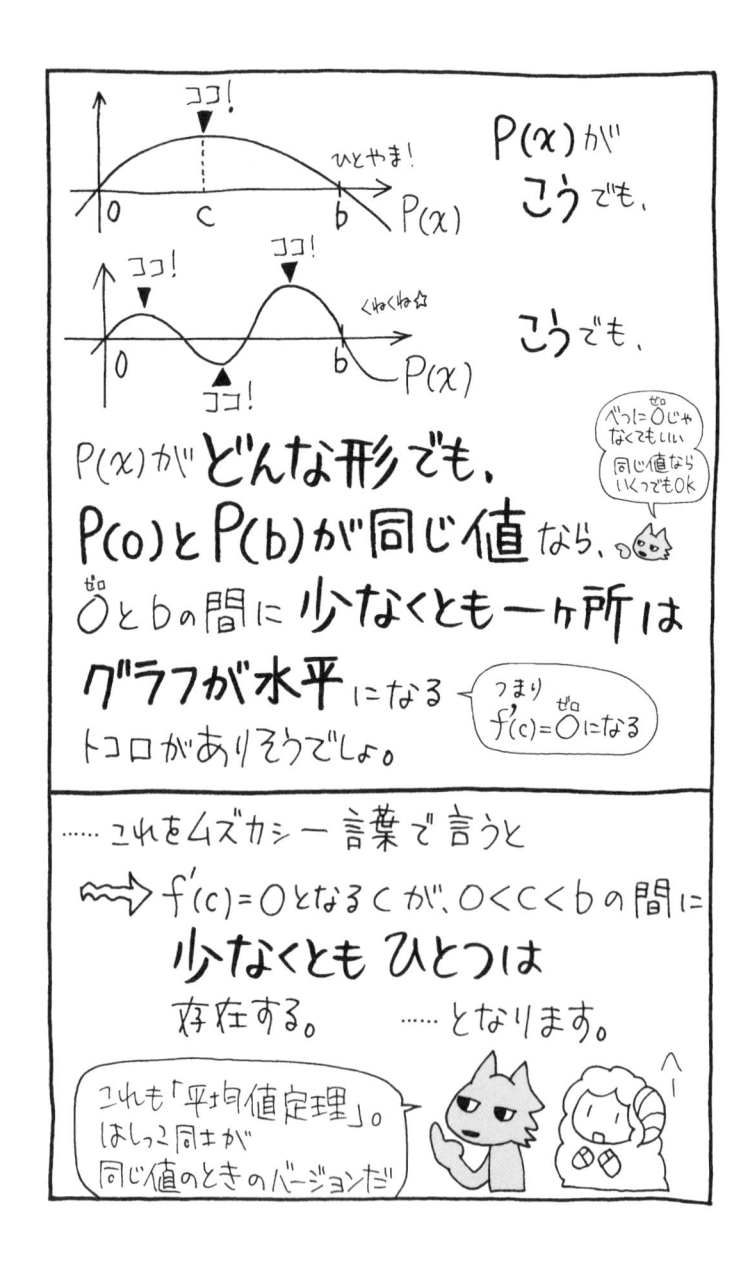

こうでも、

べつに0じゃなくてもいい
同じ値ならいくつでもOK

P(x)が**どんな形でも、P(0)とP(b)が同じ値**なら、0とbの間に**少なくとも一ヶ所はグラフが水平**になるトコロがありそうでしょ。

つまり $f'(c)=0$ になる

……これをムズカシー言葉で言うと

⇒ $f'(c)=0$ となるcが、$0 < c < b$ の間に**少なくともひとつは**存在する。 ……となります。

これも「平均値定理」。はしっこ同士が同じ値のときのバージョンだ

話はわかったと思うが、これを「答案」としてまとめるのは、それはそれで難しい。筆者の解答は 309 ページにつけておいたので、参考にしてもらいたい。

次は (2) だ。

とりあえず手がかりを求めて、与えられた H, G を微分してみよう。

$$\begin{cases} H'(x) = f(x)g(x) \\ G'(x) = g(x) \end{cases}$$

だから、

$$f(x) = \frac{H'(x)}{G'(x)}$$

である。ふーむ。あらためて P の定義を見てみる。我々には与えられた道具はほとんどないのだから、手がかりがないときには、与式をいろいろと変形してみることだ。

$$P(x) = \underline{G(b)}H(x) - \underline{H(b)}G(x)$$

ややこしく見えるが、下線部は

ただの定数

であるから間違えないように。定数なのだから、x で微分しても「積の微分」にはならない。簡単に、

$$P'(x) = \underline{G(b)}H'(x) - \underline{H(b)}G'(x)$$

あとは「(1) を使う」くらいしか手がない。(1) で「存在する」ということになった c をこれに代入してみると、

$$P'(c) = G(b)H'(c) - H(b)G'(c) = 0$$

そっか、これを変形すれば、

$$\frac{H'(c)}{G'(c)} = \frac{H(b)}{G(b)}$$

で、さっきの

$$f(x) = \frac{H'(x)}{G'(x)}$$

の x に c を入れて

$$f(c) = \frac{H'(c)}{G'(c)}$$

ゆえに、

$$f(c) = \frac{H(b)}{G(b)}$$

となり、(1) の c で (2) も成立させることができるなー、とわかる。

🐾 🐾 🐾 🐾 🐾 🐾 🐾 🐾 🐾 🐾 🐾 🐾 🐾

　とまあこんなふうになるわけだが、これを難しいというかどうか…。易しくはないね、確かに。でも、やっていることは少ない材料を少ない道具でいじっているだけで、結局平均値定理で存在を証明することしかしていない。

　この問題の難しさは、いわゆる普通の難しいとか易しいとかとは違うだろう。平均値定理を使えば良さそうだと「推理するところが難しい」。平均値定理を使うことに気づいたとしても、それを「数学の言葉で表現するのが難しい」。「難しい」とか「易しい」は単純なものではないのだ。ここで難しさの話になると脱線がひどくなるのでまた別の機会にしようと思うが、ともかく、平均値定理や中間値定理ではこの問題以上の難しい問題は作れないので、大学入試対策としてはここまでやれば十分である。

　さてここまで平均値定理と中間値定理を解説してきて、高校生向けの普通の本だとこのあたりで話は終わりになる。しかしここで終わると

勉強した気がしない

のではないだろうか。定理がありました。条件を吟味して使いました。問題が解けました。おしまい。

おいおいそれで楽しいか。

筆者がこの話題を「あえて本章でやる」と言ったのは、この平均値定理と中間値定理が

大学数学の刺客

だからである。

高校数学のタブー

高校数学までは、「ある数が存在するかどうか」は基本的に

触れてはいけない話題 ＝ タブー

である。気づいてた？ 実際このタブーに気づいていない高校生が多数と思うが、それは教科書やまわりの大人たちのごまかしが巧みだからである。だいたいやね、こういういかにも普通のことがタブーだったりするのが数学の落とし穴の一つだったりするわけだが、ただねぇ、日常生活でも「髪の毛の話はあの人にはNG」とか、いやもっとわかりにくい「○○ちゃんの話題は××ちゃんにはNG」みたいなことさえあるよね。

数学の世界が日常生活とかけ離れているわけではない

んだよ。日常生活で起こる人間臭いことは数学でも起こる。数学は無機質で聖なる世界と思っている人がいたらそれは違う。我々の日常と同じく、クールで美しいこともあれば、人間臭くドロ臭いこともあるのだ。さてこの「ある数が存在するかどうか、という高校数学のタブー」に斬りこむのが「平均値定理と中間値定理」なのだが、このタブーがどの程

度強力か、皆さんはあまり実感がないだろう。例えばね、授業で「円周率πが在るのか無いのか」ということをうっかり言い出すと、怖いお兄さんがガンつけてくるような

ハァ？

という目線が一斉に返ってくるんだよ。恐ろしい。この恐ろしさを経験していない人は幸せである。マジ危険なのでわざわざ経験する必要はない。想像してみよう。みんなが信じているものを否定するというのがどれほど大変なことかを！

- ○○教の信者の真ん中で、○○教の教典を批判してみろ[注4]！
- ○○ファンの真ん中で△△を応援してみろ[注5]。

どう？　大変な気がしてきた？　科学の発展でも、歴史上いくつかそういうことがあったよね。例えばガリレオの「それでも地球は動く」[注6]は偉いの一言に尽きる。筆者は子供の頃、ガリレオの逸話は「地球なんて回ってるに決まってるじゃん。周りの大人もいい歳して、昔の人ってバカだなあ」くらいに思っていたが、それは違うんだよ。筆者が今「円周率πは存在するのか？」ということを言い出したときに、多くの高校生が抱く違和感、

あるいは嫌悪感、あるいは殺気。

それが「ガリレオの周りの天動説を支持した人たちの感じた違和感」と同質のものだろう。自分がバカにされる以上に「お前の母ちゃんデベソ」

注4)　言うまでもなく信仰を持つ持たないは個人の自由であり、日本国憲法で保障されている。

注5)　阪神タイガースか広島カープか、あるいは浦和レッズあたりがいいだろう（偏見）。ちなみに筆者は夏休みに友人と広島旅行した際に、たまたま高校野球で彼の地元 vs 広島という組み合わせが広島駅前の公衆テレビで中継されていて、そしてたまたま彼の地元高校がサヨナラ逆転勝ちした際にバカだから彼がうっかり「ヨシ！」とか言ったものだからもうたいへん。一瞬の静けさと殺気のあとの、よくわからない広島弁の怒号の迫力は忘れられない。マジで死を覚悟した。平和記念公園まで逃げて、平和のありがたみを噛み締めた。

注6)　ガリレオが異端尋問で地動説を放棄させられたときにつぶやいたとされる言葉。有名な逸話だが、創作という説もある。

はブチ切れさせる効果があるだろうが、それと同じく、「在る」と思っていたものの存在が危ぶまれることは、

自分自身が否定される以上に受け入れ難い

ことなのである。

　数の存在非存在は高校数学までは「触れてはいけない話題」ではあるのだが、極限のあたりから「触れないわけにもいかない」ことになり、そのタブーをどう扱うかで

教科書は教科書でいろいろ苦労

している。教科書でも本書でも、例えば自然対数の底 e は「××を満たす数って存在するのか？」「ありそうだ」「だったらそれを e と名づけよう」という論理で話が進むことになっていたかと思うが、この「ありそうだ」のところ、実は根拠薄弱である。たとえ「2から3の間にある」と示されたからといって、本当にあるとは限らない。もちろん結果的にはそれは「ある」のだが、まあちょっと話を聞いてくれ。

　皆さんは化学で「物質が原子でできている」と習っているよね。というか、物質が何か細かいツブツブからできていることなんて

もはや幼稚園生レベルの知識

かもしれん。実際、子どもたちの間では「原子レベルまで分解する必殺ビーム」なんてのは身近なものだったりする。まあそういった身近なSFはさておいても、きっと誰もが「見たこともないくせに」物質が目に見えないツブツブからできていることを信じているだろう。そして一度くらいは「じゃあ、超薄い刃物でぶった斬ったら体をすり抜けた、みたいなことが起こるんじゃないの？」という疑問を持ったりしなかった？

　我々の体がツブツブでできているとされる「奇妙な事実」は、「すり抜けのロマン」を我々に呼び起こす力があるわけだ。もちろん「薄い刃物が作れない」とか「確率的に低い」ということはわかるので「現実にすり抜ける」と思っている人はいないと思うが、それでは数学ではどう

8.2　平均値定理と中間値定理

か。数学の場合は「超薄い刃物」を想定することができる。斬る対象は、例えば実数軸である。実数をスパッと斬ったとき、必ずそこに数がいると言えるのだろうか。相手が整数なら「数がいない」可能性はいくらでも考えられる。有理数はどうだろうか。有理数を直線上にプロットしたら、線が埋まるほどたくさんいて、「連続な直線」に見えることだろう。しかしその連続な直線も、斬る場所によっては数がいないことがある。例えば$\sqrt{2}$はそのスキマの住人である。どうみてもつながっているように見えているものが、スキマありまくりって、実に不思議じゃないか。じゃあ実数になったらどうなのさ。「円周率 π」のところで刃を振り下ろしたら、はたしてそこに数はいるのか？？？

この質問の答えは「数はいる」でよい。円周率は存在するし、あなたの常識は正しい。しかしその理由は

高校範囲では、説明していない。

「まあ、円周率、あるよね」という説明である。

我々は幼少期から今まで「数を拡大する」という方法をとってきた。りんごが1個、2個から、小数、分数（＝ 有理数）。この勢いで実数に拡大したい。円周率 π とかルートとかは出てくるし、実数を作っておかないとグラフが描けないし。しかし結論からして

このような流れを実数にまでつなげるのは無理

なのである。これはかなり痛い。どのように痛いかというと、考えてみてほしい。

かなりの工程を進んでから、最初の間違いに気づいた

のと同じ状態である。あなたならどうする。諦めるか、それとも、最初に戻ってやり直すか。

では大学ではどうしているのか。上で「スパっと斬ったところに数はあるのか」ということが解決できない疑問と述べたが、

スパっと斬ったところに数があるものを「実数」と定義する[注7]

ことでその疑問を解決している。でもこういうふうにしてしまえば、ここまでグダグダグダグダ言ってきた連続だの「すり抜けのロマン」だのといった議論はすべて消し飛ぶ。相手が実数ならば必ず「斬ったところに数がある」。これはとても嬉しいことである。でもズルいと思わない？

　実際にはこんなに単純ではなく、こまごましたいろいろなことを決めないとうまくいかないわけで、まあズルい大人にはズルいなりの苦労があるってことで許してやってほしい。詳しいことは大学の数学で勉強してくれ。言いたいことは

このあたり、高校範囲の知識で無理すんな

ということである。本章は「高校の微分積分を超えた内容」を説明するための章だったのになぜ平均値定理や中間値定理という高校範囲のものをやるのか不思議に思った読者もいたかもしれないが、この「高校数学のタブーに触れる」という点で、

平均値定理と中間値定理は、高校数学でも異端

だったのだ。

　高校数学で実数をきちんと規定していないことを「厳密でない」と非難する人も多い。しかし筆者は

これはこれでいい

と思う。厳密さを求めるのはいいとしても「じゃあ高校生に、いつ、どこから説明すんのよ」という話である。高校卒業間近になって「すみません、今までのこと全部忘れて、最初から作り直しましょう」というのか。じゃあ高校1年から大学流で数学やるのか。それって、パソコンを使いたい人に半導体の仕組みから教えはじめたり、運転免許のために教

注7)「デデキントの切断」という。

習所に来た人にガソリンの精製過程を解説するようなもんでしょ。筆者は、本書の読者はきっと、

嘘を何の疑問もなく信じていられる子供時代に終わりを告げた人

だろうと思っている。だから実数について説明した。いや、実数について説明したわけではないが、高校までの実数の説明には問題があって、それがどういう具合に解決される見込みか、ということを説明した。子供から大人になる過程で、サンタクロースの存在に疑問を持ったり、セックスに興味を持ったり、というのは普通の人の通る道だろう。疑問が存在しないうちは何の問題もないが、一度疑問を持ったら、早く解決しないとロクなことにならない。よってたかって大人が仕組んでいる嘘、それについての説明を怠ると

だから大人ってキタネェ

と騒ぎ出しておかしなことになる。

エロビデオを本当に必要としているのは未成年

である。まあエロビデオからは正しい知識は得られないという説はあるが、生半可じゃない解答がいつまでも手に入らないからしょうもない言説に騙されるのである。一般に、好奇心を無意味に抑圧すると、必ず「抑圧以上のしっぺ返し」をくらう。好奇心をバカにしてはいけない。好奇心は人間の科学技術を発展させる原動力なのだ。子供だけの話でもない。アメリカでは禁酒法でめちゃくちゃになった歴史がある。風俗商やギャンブルなど、そういった「いわゆる『悪いこと』」が社会に残存しているのにも理由がある。欲望の大きなエネルギーは正しく使えば素晴らしいものとなるが、使い方を間違えるととんでもない悪いことも引き起こすことができるのである。サンタクロースが「いる」とねじ伏せたり「いない」と認めたりすることは解決ではない。サンタクロースがおもちゃをくれるとか、コウノトリが子供を運んでくるとかいうのは、

長い年月をかけて作られた大人の知恵

なのである。筆者もいろいろあって、今では

「サンタクロースっているよなあ」とか
「子供って本当にコウノトリが連れてくるんだ」と思っている

わけである。ウソも方便ということわざがあるが、サンタクロースやコウノトリの陰には、人それぞれの愛や想いや感謝の気持ちがあるのだろう。それを慮らず物理的な存在非存在を論じることは知恵のある大人のやることではない。

　中間値定理や平均値定理は「存在するかどうかがわからないもの」に対して使ってこそ有効である。しかし我々は円周率の存在さえ明確には言えない世界に住んでいたのだ。存在するのかどうなのか、そういうオバケのようなものがどこにいるのかというと実は

あなたのすぐそばにいる

のであった。実数とは何か、という議論は大学の数学の最初にやることで、多くの学生がなぜそんなことをする必要があるのかわからずに討ち取られることになっている。あまりに多くの学生が討ち取られるため最近の大学ではこの講義をやらないようになってしまったところもあるらしいが、それはちょっと残念に思う。やっぱりここが

大学の数学の醍醐味

とも思うからだ。大学でなぜ実数の定義から講義を始めるか、読者の皆さんはもう理由がおわかりと思う。当たり前と思って誰も見ないところにオバケはいて、オバケそれ自体が

違う宇宙への入り口

だったのである。

Section 8.3
テーラー展開

　平均値定理と中間値定理のところで実数についてごちゃごちゃと書いてきたが、無限の問題は基本的にややこしい。数直線上の「無限に小さい1点」とかって、何を言ってるんだかわからんよね。その点、刃物（刃物自体は薄かろうがなんだろうが構わない）で切った「切断面」という言い回しはそのあたりをよくわかってる[注8]。切断面は「無限に薄い」よね。でもアレ待てよ、切断したら切断面って2つできるよね。ある数の上で切断したら、その数は半分に割れたりしないよね…。
　というわけで、

やっぱり、考えれば考えるほど頭がおかしくなる。

一般論として「考えれば考えるほどわからなくなる」ような場合は、だいたい

アプローチのスジが悪い

わけで、適当なところであきらめて、全体的なことを見直すのがよい。「全体的なところ」とは何か。これまで我々は小学校から高校まで主に「等号」で話を進めるのに慣れている。5＋3の続きは「＝8」はマルをもらえると思うが、「＞5」はヘタするとバツをくらうだろう。でも「＞5」だって間違いじゃないよね。等号って「1点をズバっと決める」力があるわけだけど、今はその「1点」の存在についてごちゃごちゃなっているのだから、そういうことは考えるのはやめて、不等号で評価すれば問題解決になる。いや、正確に言うと、問題を回避できる。いや、正確に

注8) な〜んて偉そうにスミマセン。デデキント先生はとても偉い先生です。

言うと

局所の問題を回避して、全体の問題を解決する

ことができる。よく考えると5＋3に対して8と答えられなくても、例えば呑み会の人数なら「割り勘の都合で7人以上、料理の都合で10人以下」でいいかもしれないし、工業製品なら「7.99cm以上8.01cm以下」で実用上問題はないかもしれない。だいたい工業製品のようなものに

そもそもピッタリなんてことはあり得ない。

コストと品質はトレードオフ[注9]になるので、誤差範囲の設定こそが経営戦略。つまり「ピッタリの値」なんてのは、離散世界か夢の世界の話。ここに光がある。

「等号」で行き詰まった議論を、「不等号」で解決！

というオトナのアプローチが「無限に小さい1点」を追い込む方法なのだ。

そんなわけでテーラー展開

そんなわけでテーラー展開なのだが、テーラー展開は基本的に「近似」である[注10]。根本的に「難しい関数をなんとかしたい」ということが大きなモチベーションね。で、それをどうすんのかというと、

未知の関数を多項式に変える

という方法でなんとかしようというのだ。多項式というのは

注9) 片方を優先するともう片方が悪くなるという関係のこと。ケーキを食べて、かつ、持っておけないのはなぜ？　ということだね。

注10) こういううっかりした断言をすると「近似じゃないこともあるじゃないか」と突っ込まれるスキを与えることになる。確かにちゃんと求まる時もあるし、無限までいけば近似じゃないという説もある。ただ「ちゃんと求まる」ってことはもともと「難しい関数じゃなかった」ってことだし、無限までいけばって条件は現実には無限までいけないんだから近似じゃねーかよって話ではある。

我々がこれまでなじみ親しんだ「わかりやすい」関数

なのである。これは高校生にとってだけでなく、数学に関わる者すべてにとってそうだ。多項式に変えるにあたり、

「じゃあ係数はどうすんの」

というのが次の問題である。このような具合にどんどん話が具体化していくのはとてもいい感じする。

　テーラー展開の係数は「順を追って」決まっていく。これは実際に手を動かしてみるとよくわかるはず。「順を追って」決まっていくものを一つの式で表そうとすると、式に「手順をまるごと」押し込めることになり、ややこしくなる。テーラー展開の式をいちおう出しておくが、ここでは読み飛ばして、あとで拾いにくればいい。この式はあとで必ず「なるほど」と思って見直すことができるはずだ。

テーラー展開

$f(x)$ の $x = a$ におけるテーラー展開は
$$f(x) = f(a) + \frac{f'(a)}{1!}(x-a) + \frac{f''(a)}{2!}(x-a)^2 + \frac{f'''(a)}{3!}(x-a)^3 + \cdots$$
となる。
※細かい条件などを省略しているので、大学生は注意すること。

　さてこの係数を決めるにあたり、何が未知で何が既知なのかを整理しておく必要がある。当然だが

既知の情報を使って係数を書き表せばよい

わけである。微分で「接線がどうのこうの」いう記載があったと思うが、

微分の本質は

変化をとらえる

ことである。いまこの一瞬に「どう変化しているか」を追うのが微分である。ここで大胆な仮説を立てよう。それは

「今」の情報はどんなものでも収集できる

というものだ。走行中のクルマで言えば、現在の位置、速度、加速度などなど。そうして「未来予測」をすることを考える。ある時刻 t にクルマの位置 $f(t)$ で表されるとすると、速度や加速度は f を t で微分していってそれぞれ $f'(t)$ と $f''(t)$ で表される。「加速度の変化率」に対応する日本語はないが、それはつまり $f'''(t)$ のことである。このあたりで日本語はそろそろ限界だろう。このへんで整理しておく。

・関数 $f(x)$ は未知。
・定数 a につき、$f(a)$、$f'(a)$、$f''(a)$ などはすべて既知。

この前提のもとで、未知の関数 $f(x)$ の近似になるような多項式 $g(x)$ を求めていこう。

$g(x)$ を求める実際

・$f(x)$ は未知
・$f(a)$, $f'(a)$, $\cdots$, $f^{(n)}$ は計算可能

とする。さて、接線を使った近似をしてみよう。1次関数 $g(x)$ を適当に決めて、$f(x)$ を近似するというものだ。

ここで $g(x)$ をどう選ぶかだが、

$$f(a) = g(a)$$
$$f'(a) = g'(a)$$

になるように $g(x)$ を選ぶ、というのが、「接線による近似」だ。このと

き、

$$g(x) = f'(a)(x-a) + f(a)$$

になる。なんかややこしそうだが、具体例を見ると簡単なので、それまで我慢してもらいたい。

この近似をもっとよくすることを考える。次は2次関数による近似をしよう。このときは、

$$\begin{array}{rcl} f(a) & = & g(a) \\ f'(a) & = & g'(a) \\ f''(a) & = & g''(a) \end{array}$$

になるように $g(x)$ を選ぶ。$f''(a) = g''(a)$ の直観的解釈はちょっとツラいが、「傾きの変化の仕方まで等しければ、もっとピッタリくるだろう」ってなもんだ。これを満たす2次関数は、

$$g(x) = \frac{f''(a)}{2!}(x-a)^2 + f'(a)(x-a) + f(a)$$

とすればよい。これも具体例を見るまでは難しいと思わないで欲しい。

これらの類推で $g(x)$ を3次関数、4次関数、とした場合の係数も簡単に求まる。$g(x)$ の次数を上げていくと、$f(x)$ が多項式ならいつか $g(x)$ が $f(x)$ そのものになる日がくるから、それはもはや「近似」ではない。とにかく n 次関数 $g(x)$ は、

$$g(x) = f(a) + \frac{f'(a)}{1!}(x-a) + \frac{f''(a)}{2!}(x-a)^2 + \cdots + \frac{f^{(n)}(a)}{n!}(x-a)^n$$

となる。

いろいろな関数のテーラー展開

新しく買ったオモチャをどう遊ぶか。一日少しずつ遊んで長く楽しもうとする人もいるだろうが、

筆者は、徹夜してでも、飽きるまで遊ぶ。

飽きたらしばらく放置して、またやりたくなる時を待つべく、大事にしまっておく。そんなことを繰り返しているから

部屋がガラクタで埋もれるハメになる

のだが…、まあいいや。さて、折角手に入れた新しい武器(オモチャ)である「テーラー展開」をたくさん使ってみよう。

多項式のテーラー展開

とりあえず、$f(x) = 3x^2 + 2x + 2$としておこう。でもそれはあくまで「未知」だと思っていてもらいたい。わかるのは、fやそれを微分したものに具体的な数値を代入した値、つまり、$f(a), f'(a), f''(a)$だけだとする。それに対して、$g(x)$を求めよう。とりあえず、1次式とすると、

$$g(x) = ax + b$$

のカタチになるはずだ。0のまわりで近似すると、

$$\begin{aligned} f(0) &= g(0) \\ f'(0) &= g'(0) \end{aligned}$$

となるようにaやbを決めればいい。$f(0) = 2, f'(0) = 2$だから、$g(x) = 2x + 2$だ。すぐわかるよね。

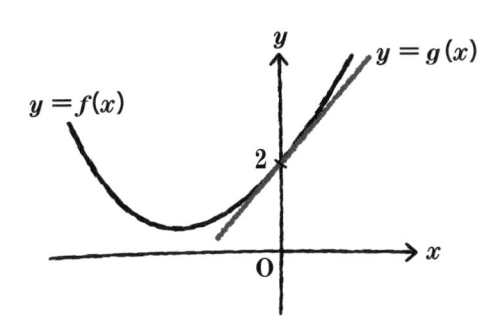

同じ関数を 2 のまわりでテーラー展開すると、

$$f(2) = g(2)$$
$$f'(2) = g'(2)$$

となるように a や b を決めればいい。$f(2) = 18$, $f'(2) = 14$ なので、$g(2) = 18$, $g'(2) = 14$ とわかる。よってこれを成り立たせるように係数を決めれば $g(x) = 14x - 10$ となる。これもすぐわかるよね。ちなみに、もうわかっていると思うが、

$$y = g(x) \text{ は } y = f(x) \text{ の } x = 2 \text{ における接線}$$

である。接線なんて簡単に求まるねぇ。

では 2 次近似をしてみよう。$g(x)$ を 2 次式とすると、

$$g(x) = ax^2 + bx + c$$

今度も 2 のまわりで展開すると、

$$f(2) = g(2)$$
$$f'(2) = g'(2)$$
$$f''(2) = g''(2)$$

で考えればいい。こういうのは、高階微分したものから先に探していくといいというのが「大人の知恵」なのでそうしよう。

$f''(x)$ と $g''(x)$ のそれぞれに 2 を代入すると $f''(2) = 6$, $g''(2) = 2a$ になる。$g''(2)$ が 6 になるようにするには $a = 3$ とすればいい。次は f' を見よう。

$$f'(x) = 6x + 2,\ g'(x) = 6x + b$$

それぞれに 2 を代入して等号で結ぶと、$b = 2$。最後に f を見よう。

$$f(x) = 3x^2 + 2x + 2,\ g(x) = 3x^2 + 2x + c$$

それぞれに 2 を代入して等号で結ぶと、$c = 2$。というわけで、順々に

辿って求めることができる。具体例だと簡単でしょ。

テーラー展開の一般論

そもそも、多項式をテーラー展開するのはアホらしいのだ。多項式を多項式で近似しようとしているのだから、近似多項式の次数を上げていけばもとの多項式に辿り着いてしまうに決まってる。やはりテーラー展開は多項式でない関数に使ってこそ楽しいのだ。

そこで今度は少し抽象的に、関数 $f(x)$ で扱っていってみよう。a のまわりで展開することを考える。

$$\begin{align} f(a) &= g(a) \\ f'(a) &= g'(a) \\ f''(a) &= g''(a) \\ f'''(a) &= g'''(a) \\ f''''(a) &= g''''(a) \end{align}$$

普通に

$$g(x) = a_4 x^4 + a_3 x^3 + a_2 x^2 + a_1 x + a_0$$

とおくと a のまわりで展開するのが大変になるので、あらかじめ、

$$g(x) = a_4(x-a)^4 + a_3(x-a)^3 + a_2(x-a)^2 + a_1(x-a) + a_0$$

としておくといいというのが、

姑息な大人の知恵というもの

だ。例によって高階微分したものから探していくと、

$$g''''(x) = 4 \cdot 3 \cdot 2 \cdot a_4$$

これに a を代入したものが $f''''(a)$ に等しいから、

$$a_4 = \frac{f''''(a)}{4 \cdot 3 \cdot 2}$$

次は、
$$g'''(x) = 4 \cdot 3 \cdot 2 \cdot a_4(x-a) + 3 \cdot 2 \cdot a_3$$
これに a を代入したものが $f'''(a)$ に等しいから、
$$a_3 = \frac{f'''(a)}{3 \cdot 2}$$
次は、
$$g''(x) = 4 \cdot 3 \cdot a_4(x-a)^2 + 3 \cdot 2 \cdot a_3(x-a) + 2a_2$$
これに a を代入したものが $f''(a)$ に等しいから、
$$a_2 = \frac{f''(a)}{2}$$
このあと、$a_1 = f'(a)$、$a_0 = f(a)$ が出る。これをもとの式に入れると、
$$\begin{aligned}g(x) =\ & f(a) + \frac{f'(a)}{1!}(x-a) + \frac{f''(a)}{2!}(x-a)^2 \\ & + \frac{f'''(a)}{3!}(x-a)^3 + \frac{f''''(a)}{4!}(x-a)^4\end{aligned}$$
となる。ていねいにやったのでわかると思うが、分母に出てくる階乗は微分で出てきたものである。この類推で n 次の場合は
$$g(x) = f(a) + \frac{f'(a)}{1!}(x-a) + \frac{f''(a)}{2!}(x-a)^2 + \cdots + \frac{f^{(n)}(a)}{n!}(x-a)^n$$
となる。もとの $f(x)$ が多項式ならば n は有限のところで決着をみるが、一般には n は有限ではない。それではこの考え方を e^x などに使っていってみよう。

e^x のテーラー展開

a のまわりで展開することを考える。
$$\begin{aligned}f(a) &= g(a) \\ f'(a) &= g'(a)\end{aligned}$$

$$f''(a) = g''(a)$$
$$f'''(a) = g'''(a)$$
$$f''''(a) = g''''(a)$$

で考えよう。これも普通に

$$g(x) = a_4 x^4 + a_3 x^3 + a_2 x^2 + a_1 x + a_0$$

とおくと大変なので、あらかじめ大人の知恵を使って、

$$g(x) = a_4(x-a)^4 + a_3(x-a)^3 + a_2(x-a)^2 + a_1(x-a) + a_0$$

とおいておこう。例によって高階微分したものから探していくと、

$$g''''(x) = 4 \cdot 3 \cdot 2 \cdot a_4$$

これに a を代入したものが $f''''(a)$ に等しい。ところで、e^x の場合、いくら微分しても e^x なので、

$$\begin{cases} a_4 = \dfrac{1}{4 \cdot 3 \cdot 2} e^a \\[4pt] a_3 = \dfrac{1}{3 \cdot 2} e^a \\[4pt] a_2 = \dfrac{1}{2} e^a \\[4pt] a_1 = \dfrac{1}{1} e^a \\[4pt] a_0 = e^a \end{cases}$$

となる。この場合は 4 次まで近似したが、$a = 0$ として、さらに、どんどん高い次数までやると、

$$e^x = 1 + x + \frac{x^2}{2!} + \frac{x^3}{3!} + \frac{x^4}{4!} + \cdots$$

となる。

$\sin x$ のテーラー展開

e^x のときは a のまわりで展開して、あとから $a=0$ としたが、ここではもうはじめからゼロのまわりで（$a=0$ として）でテーラー展開してしまおう。$\sin x$ の微分は $\cos x$、$\cos x$ の微分は $-\sin x$ で、ゼロを代入すると $\sin$ はみんなゼロになるから、

$$\sin x = x - \frac{x^3}{3!} + \frac{x^5}{5!} - \cdots$$

このようになる。定義式どおり入れるだけだからぜひ試してみて欲しい。

$\cos x$ のテーラー展開

$\sin$ と似たようなものだ。これは結果だけを書いておく。

$$\cos x = 1 - \frac{x^2}{2!} + \frac{x^4}{4!} - \cdots$$

$\log(1+x)$ のテーラー展開

$\log$ は、「大人の知恵」[注11] によって、$\log x$ ではなくて、$\log(1+x)$ で考えるのがよい。これも同様にやるだけだ。

$$\log(1+x) = x - \frac{x^2}{2} + \frac{x^3}{3} - \frac{x^4}{4} + \cdots \quad (-1 < x \leqq 1)$$

展開式を微分すると

e^x の展開式をもう一度見てみよう。

$$e^x = 1 + x + \frac{x^2}{2!} + \frac{x^3}{3!} + \frac{x^4}{4!} + \cdots$$

である。これを x で微分すると、

注11) ちょっと解説しよう。普通に $\log x$ だと $x=0$ を代入できないから、$x=0$ のまわりでテーラー展開できない。だったらゼロのまわりでしなきゃいいと思うかもしれないが、やはり、計算しやすいからゼロのまわりで展開したい。というわけで、あらかじめ $\log(1+x)$ みたいな式で考えてしまうのがラクなのである。

あら不思議。微分しても同じ式！

というわけで、「e^x は微分しても e^x」ときちんと対応していることがここでもわかる。では、sin とか cos はどうだろう。やってみればすぐわかると思うが、sin は cos に、cos は $-$sin になる。ちゃんとルール通りうまくいっている。当然と言えば当然なのかもしれないが、それでもやはり、うまくいくと嬉しい[注12]。

オイラーの式

　オイラー大先生の名前がついている「オイラーの式」は、ある意味、究極の式と言っていいだろう。この式を「数学の美しさが集約されている」と表現する人もいる。あまり褒めすぎると

マニアでない皆さんにとっては気持ち悪い

と思うが、よーするに「コアなファンが存在する」ということだ。もちろんオイラーの式の美しさは筆者も認めざるを得ない。ここからオイラーの式の話をするわけだが、コアなファンに敬意を表して

あまりやらない

ことにする。日本の歴史でも「面白いところ」ってあるでしょ。戦国時代とか幕末とか[注13]。そういう面白いところだって、さらっと流そうと思えば流せるわけでね。とっても興味深いオイラーの式をチョロっと解説して読者の皆さんに「ふ〜ん」くらいで流されると悲しいし、本書では複素数に深く触れてないし、オイラーの式をめぐってはいい本もたくさん出ているから、適宜検索してもらえばそれでいいだろう。

注12) 本当は、無限に続く「…」を含んでいる式を微分していいのか、という根本的な疑問が残らないでもないが、なんとなくうまくいってそうなので、ここでは深く追い求めるのはやめておこう。
注13) いやまあ、面白さなんて人それぞれだとは思うけど。

ここではオイラーの式の導出をやる。式を見ると例によって最初は「なんじゃこりゃ」と思うことだろう。そもそも左辺の e の i 乗ってなんだよ。

オイラーの式

$$e^{ix} = \cos x + i \sin x$$
※ i は虚数単位で $i^2 = -1$

ここでひとつ、パズルのようなことを考える。準備として、e^x と $\sin x$ と $\cos x$ の展開式が「似てるな〜」と思って欲しい。再掲する。

$$\cdot\, e^x = 1 + x + \frac{x^2}{2!} + \frac{x^3}{3!} + \frac{x^4}{4!} + \cdots$$

$$\cdot\, \sin x = x - \frac{x^3}{3!} + \frac{x^5}{5!} - \cdots$$

$$\cdot\, \cos x = 1 - \frac{x^2}{2!} + \frac{x^4}{4!} - \cdots$$

なんとなくこれらをつなぐことができそうな気がしない? 単純に $\sin x$ と $\cos x$ を足してみると

$$\sin x + \cos x = 1 + x - \frac{x^2}{2!} - \frac{x^3}{3!} + \frac{x^4}{4!} + \frac{x^5}{5!} - \cdots$$

となって、かなり e^x に近い気がする。一方でこの符号の変化をどうすればいいだろう。これを解決するための画期的なアイディアがある。

e^x の x に、$i\theta$ を形式的に代入する

ことだ。「i」とは虚数単位、$i^2 = -1$ である[注14]。ここで「形式的に代入する」という数学用語をチェックしよう。「e の虚数乗ってなんじ

注14) 本書では虚数単位の説明はあまりしないが、よーするに $i^2 = -1$ を満たす仮想的な数を考えた、という話である。そういう数ってどんな数???と深く考えずに、まあそういうルールなのね、と認めてもらいたい。

ゃらほい？」となると夜も眠れなくなってしまうが、「形式的に代入」とは、よーするに「意味を考えず」ということだ。形式的な代入だったらいろいろなものを入れられる。本書でもどこかで $f(x)$ の x に「たぬき」を入れたことがあったと思うが、まさにそれは形式的な代入である。こういうことが許されるなら、例えば

行列乗とかで人を惑わすこともできる

だろう[注15]。しかしそれが意味があることかどうかは別問題である。そりゃそうだろう、たぬきだって入れられるんだからね。ともかく今は、e^x の x に $i\theta$ を入れてみる。すると、

$$e^{i\theta} = 1 + i\theta - \frac{\theta^2}{2!} - i\frac{\theta^3}{3!} + \frac{\theta^4}{4!} + i\frac{\theta^5}{5!} - \cdots$$

となる。θ はなんでもいいので x に書き換えておこう[注16]。

$$e^{ix} = 1 + ix - \frac{x^2}{2!} - i\frac{x^3}{3!} + \frac{x^4}{4!} + i\frac{x^5}{5!} - \cdots$$

これと、$\cos x$ と $\sin x$ の展開式を並べて書いて、じ〜っと見てみよう。

$$e^{ix} = \cos x + i \sin x$$

という式が導き出される。これを

オイラーの式

という。$x = \pi$ を入れてみよう。

$$e^{i\pi} = -1$$

なにこれ。e の $i\pi$ 乗が -1ってさ、よくわからないよね。そもそも $i\pi$ 乗ってなんだよ。

$i\pi$ 乗は「形式的な代入」なので、意味は考えない。

注15) いつか目にすることがあるかもしれないよ。
注16) はじめから、e^x の x に「ix を入れる」と書けばよかったのかもしれないが、このあたりどう書けばわかりやすいかって難しい。たぶんこうやって注釈を入れるのが一番かも。

だから「そもそも$i\pi$乗ってなんだよ」みたいなことを言い出すなっつーの。でもね、ここで、オイラーの式にしても

シンプルすぎる

と思って欲しい。自然科学はシンプルを愛する。シンプルな道具は応用範囲も広い。シンプルかつ含蓄深い式を、数学者は「美しい」と表現する。オイラーの式は「美しい式」の代表格である。この式は「形式的な代入」によって求められたので基本的には意味を追求してはいけない。しかし、超越数であるeとπ、複素数i、そして負数の基本単位である-1がこれほどまでにシンプルな関係で結ばれているのである。こうした美しさが現れてくるとなると、「形式的な代入なんだから意味を追求しちゃいけない」という考えを修正しないといけないのかもしれない。実は深い意味があるのではないか、すなわち「虚数乗がわからないのは人間が愚かだから」ではないかと。こういう流れで数学者は「数学で神を見る」とか言い出すんだよね。

「美しさ」は人によって作られる。存在するだけで美しいものなど存在しない。モノがあって、それを美しいと感じる人がいるからこそ「美しさ」が定義されるのだ。数学を知らない人は、数式を「美しい」と表現するなんてどういう感覚をしてるんだ、と思うだろう。また、筆者のように数学を少し齧った人間は、オイラーの式を見るとつい「美しい」とか言ってしまいがちである。しかしどちらが正しいのかはわからないし、議論は無駄である。海や太陽はただそこに「在り」、それを人がどう考えているかを知らないように、この式が本当に究極なのかは誰にもわからない。わかっているのは、数式を苦労してヒネりにヒネった結果、また、形式的な代入とか言っちゃってよくわからない式操作を行った結果、ポンと一本のシンプルな式が出てきた、ということだけである。だからどうした、という話ではある。ただそれを筆者や多くの数学者は、海や太陽を美しいと思うように、美しいと思う。読者の皆さんともそういう感性を共有できれば幸いであり、喜びである。

本書ではオイラーの式にはあまり深く首を突っ込まないが、オイラー

の式の魅力の一片でも伝えられただろうか。

実際の近似と誤差の扱い

　読者の皆さんはそろそろテーラー展開に慣れたことだろう。あらためてテーラー展開の式を見なおしてもらいたい。一行に凝縮して書かれた式でも今までやってきた「段階」が見えるようになっていると思うし、分母のびっくりマーク[注17]もn乗が次々と落ちてきて約分されるイメージで見られるようになっているだろう。

　本章の最後に、実際の近似と誤差の扱いについて触れておく。まずは実際の近似だ。まずテーラー展開、本書ではこれまで「$f(x)$を$x=a$のまわりで」あるいは「$f(x)$が未知、$f'(x)$などが既知」という表現をしてきたが、実際に使うときには「$f(x+\Delta x)$が未知、$f(x)$が既知」というように、「少し先の未来を予想する」ような言い回しで使われることが多い。これはとくに言い回しの問題なのでどうということはないが、大事なのはそういう場面では、テーラー展開を無限まで追うなどという馬鹿なことはせずに、

多くは1次近似、せいぜい2次まで

くらいですませる、ということだ。予想の式を細かいところまで頑張るよりも、Δxをできるだけ小さくとるように頑張る方がいい[注18]。そういう観点で作られた近似式が物理や化学で多用される。代表的なのは、

　・αが1に比べてとても小さいときに $(1+\alpha)^n \fallingdotseq 1 + n\alpha$
　・xが小さいときに $\sin x \fallingdotseq x$
　・xが小さいときに $\cos x \fallingdotseq 1 - \dfrac{x^2}{2}$

これらがテーラー展開を背景にしていることは、もう読者の皆さんはひ

注17)「階乗記号」だよ。わかると思うけど。
注18) 7日後の天気を当てるために「現在の情報をどれだけ増やすか」と「7日後じゃなくて明日にする」で、どちらがラクで確実か、という話だね。

8.3 テーラー展開

と目でわかることだろう。

　上記で「小さいときに」とあるが、筆者はこれを知ったとき「どのくらいが小さいんだろう」と思っていた。しかしそれは発想がちょっと違った。そういうのは最終的に得られる結果、つまり、誤差から算出されるのだ。例えば工業製品なら、あるネジをネジ穴にはめるために、「0.01mm以上狂うと嵌らなくなる」から「誤差は 0.01mm 以下にしないといけない」という感じで要求されて出てくることである。物理や化学などでは「最終的に実験結果とうまく相応する」ということがゴールとなるので、結局、理論を考えている間は「小さい」は曖昧な「小さい」のままで、

それで出た結果が実験結果にあうかどうかで検証

ということになる。高校の物理や化学（の試験）では実験まではしないので「小さい」は「小さい」のままであったのだ。

　大学の数学でのテーラー展開の誤差についてはちょっと立場が違って、本書ではわかりやすさのために実際に展開する方から入ったが、通常は「テーラーの定理」からアプローチして「テーラー展開」につなげるのが普通だろう。詳しくはやらないが、最初から誤差を考えて展開を行うわけだ。

テーラーの定理

$$f(b) = f(a) + \frac{f'(a)}{1!}(b-a) + \frac{f''(a)}{2!}(b-a)^2 + \cdots$$
$$+ \frac{f^{(n-1)}(a)}{(n-1)!}(b-a)^{n-1} + \frac{f^{(n)}(c)}{n!}(b-a)^n$$

をみたす c $(a < c < b)$ が存在する。

　テーラー展開との違いは、最後が別の文字 c になっているところである。対応を考えれば、テーラー展開で無限まで続いていたところが、

$$\frac{f^{(n)}(c)}{n!}(b-a)^n$$

という1つの項になっている。実はここでのcは「いきなり出てきたc」ではなく、「aだと無限に続いちゃうけど、それをaからちょっとだけズラせばピッタリ」という思想で出てきたcなのだ。同じことを次のように書いてある本もある。

$$\frac{f^{(n)}(\theta a)}{n!}(b-a)^n$$

このθってのは（もちろん角度じゃなくて）イメージとしては0.99998とか1.000001とかが想定されている。つまり「aをちょっとだけズラしたよ」ということが言いたいのである。テーラーの定理を信じれば、仮にテーラー展開を$n-1$次で打ち切れば誤差は

$$\frac{f^{(n)}(c)}{n!}(b-a)^n$$

になるだろう。これについて「ラグランジュの剰余項」という名前がついている。よーするに、このラグランジュの剰余項が無限大になるような関数はテーラー展開しちゃダメなのである。したがって大学生は「テーラー展開せよ」と言われたらまず「テーラー展開可能かどうかを判定」すなわち「この剰余項はこれこれこういうわけでゼロに収束するんですよ」ということを述べないと点数はもらえない。ちなみに大学生向けのテーラー展開の問題は「展開」が難しいんじゃなくて[注19]、剰余項がゼロに収束することの論述が難しいことが多いのだ。判定の方法はここではやらない。大学生は頑張って欲しい。まあこういうことを考えると

テーラー展開は、やっぱり高校範囲外だよなあ

と思うよね。でもこの式をよく見ると、分母に$n!$なんてのがあることからもわかるように、

およそゼロになるだろう

注19)「展開」はただルールにしたがってバラしていくだけなのだから、できない方がおかしい。

8.3 テーラー展開

という予測は立つし、実際そうであるので、大概の関数はテーラー展開可能で、したがってテーラー展開は非常に有効な方法なのである。細かいツッコミは大学生におまかせしよう。我々は

高校範囲の微分積分のブラッシュアップのために

テーラー展開をやっているんだから、大枠を理解すればよい。ここまでの知識でもきっと十分に役に立つはずだ。

0 のまわりでテーラー展開

　テーラー展開で「$x = a$ としてテーラー展開すること」を「a のまわりでテーラー展開する」と言う。どうでもいいことのようだが、筆者はむしろ、公式なんかは覚えなくていいから、

こういう言い回しは、覚えとけよ！

と思う。なぜなら知らないと

いじめの対象になるからだ

…というのは半分冗談だが、半分は本当である。だってね、相手は「こういう用語が通じないなんて、夢にも思っていなかったり」するわけよ。「a のまわりで」がわからず適当にテーラー展開したら

オイお前、俺の言ったこと聞いてたのかよ？　プンスカ

と、テーラー展開を知らないよりも悪い結果になったりする。こういった誤解は日常でもよくある。ある集団だけで通じる言葉やルールについて、その集団の人が全く自覚していない場合はとくに、

新参者にとって、かなりデンジャラス。

知らないうちにローカルなルールやタブーを破って、原因不明のいじめに遭うだろう。筆者は基本的にローカルなルールなんてクソくらえと思っているが、一方で「なぜそういうルールができたか」という背景には興味がある。例えば業界用語は「よく使われる」「他のことと間違えないため」「仲間以外には秘密である」「同業者の連帯感」などが理由で発生するとされるが、要は「大事である」ということではないだろうか。辞書を引けば出てくる言葉はさほど重要ではなく、調べても簡単に出てこないことこそ重要である。だからこういう言い回しの妙はさりげなく重要。絶対に覚えておくようにしよう。

同様の理由で「マクローリン展開」も覚えよう。マクローリン展開とは

$$a = 0 \text{ とした場合のテーラー展開のこと}$$

である。テーラー展開を知っていてマクローリン展開を知らないなど、数学者にとっては思いもつかない。危険な香りがする。

世の中にはときどき「○○を知ってるくせに○○も知らないなんて許せない」ということがある。筆者はその気持ちはわかる。皆さんも、その気持ちわかるよね。

ところでなぜ $a = 0$ だけ特別扱いするのかというと「油揚げトッピングのうどん」のことを特別に「きつねうどん」というのと同じで、テーラー展開の定番トッピングだからだろう。ではなぜ $a = 0$ の場合を「マクローリン展開」というのかは「きつねうどん」の由来が不明であるのと同じで、調べても実はよくわからなかった（知っている方は教えて欲しい）。テーラー先生やマクローリン先生が偉いということはさておき、テーラー展開はテーラー先生の発見ではないし、マクローリン展開はマクローリン先生の発見ではない。名前って独り歩きするものだよね。

ワナビブ n コマ劇場 (n は自然数)

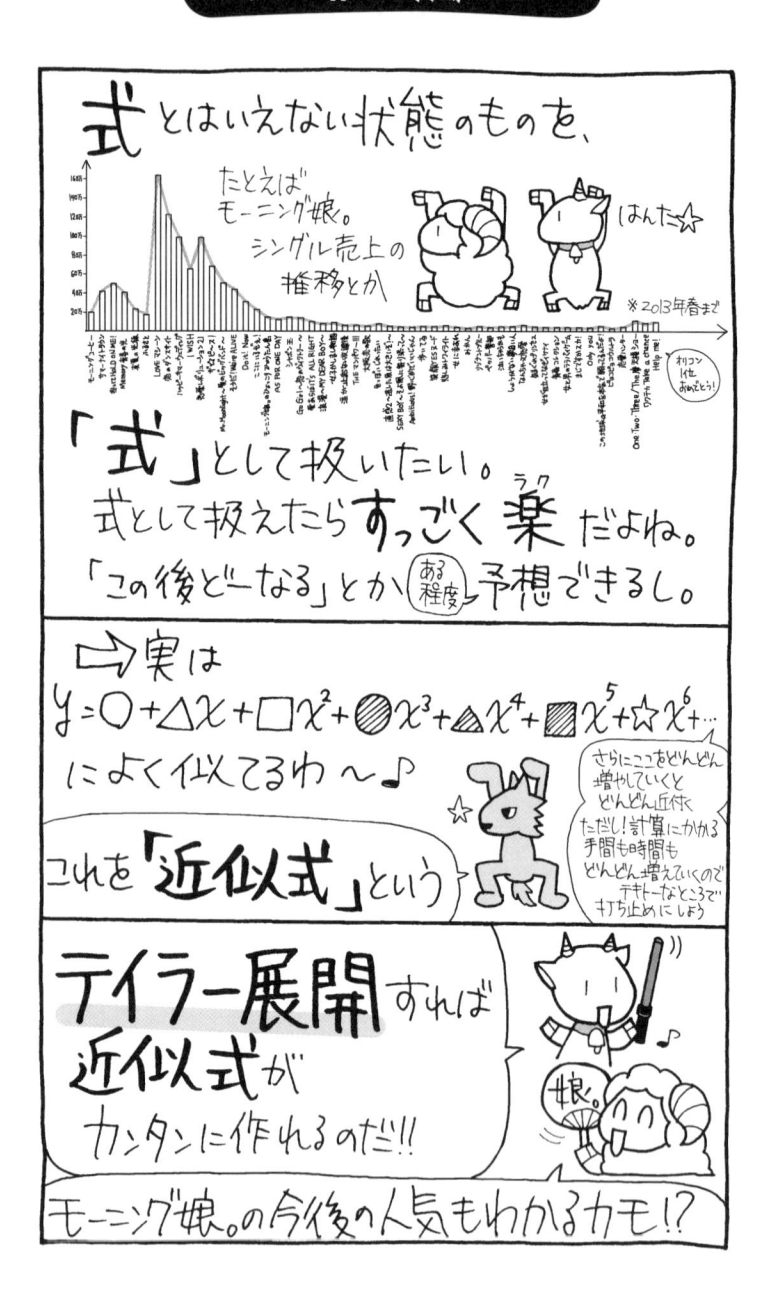

式とはいえない状態のものを、

たとえばモーニング娘。シングル売上の推移とか

はんだ☆

※2013年春まで

「式」として扱いたい。
式として扱えたらすっごく楽(ラク)だよね。
「この後どーなる」とか ある程度 予想できるし。

⇒実は
$$y = \bigcirc + \triangle x + \square x^2 + ⦸ x^3 + ▲ x^4 + ▨ x^5 + ☆ x^6 + \cdots$$
によく似てるわ～♪

これを「近似式」という

さらにここをどんどん増やしていくとどんどん近付くただし!計算にかかる手間も時間もどんどん増えていくのでテキトーなところで打ち止めにしよう

テイラー展開すれば
近似式が
カンタンに作れるのだ!!

娘。

モーニング娘。の今後の人気もわかるカモ!?

Chapter 8 微積分のちょっと深みへ

パラダイムの問題

　誤差の問題にヘタに首を突っ込むと大変面倒なことになる。大学では「どういう場合にテーラー展開不能か」みたいな話をちまちま追求することになるわけで、筆者は当初、こういう面倒があるからテーラー展開は高校範囲外なんだろうと思っていた。しかしそういうことではないのかもしれない。

　テーラー展開のイントロで書いた「等号の世界から不等号の世界へのシフト」というのは

想像以上に大きなパラダイムシフト

である。言ってみれば、答えが出る世界から出ない世界へのシフトで、もしかすると、

子供から大人への脱皮

と言ってもいい。

　高校数学と大学数学の間の溝はよく議論される。「高校数学はよくできたが大学で全然わからなくなった」人も多い反面、大学の数学人で「高校数学や受験数学は全然ダメ」という人も実は多く、不思議なことである。こういう「不思議なこと」の背景にはだいたいパラダイムの問題が絡んでくる。単なる指導や学習内容の問題ではない。パラダイムが変化するとき、うっかりすると人は馬車から振り落とされるわけだが、振り落とされないようにする一番のこと、それは筆者は

「これからパラダイムが変化しますよ」という心構え

だと思う。不意な揺れには容易に振り落とされるし、わかっていれば意外に振り落とされずにすむものだ。ここでの心構えとは精神論ではない。きちんとした分析のことである。筆者は本書が高校レベルと大学レベルの橋渡し的なものになればいいなと思っているが、その橋とはつまり

大学数学では不等号が主体に
パラダイムがシフトしますよと周知する

ことではないだろうか。ここまで本書を書いてきて、ああこの一言をもっと強調すればよかったかなーと思ったが、でもあまり強調し過ぎると

それはそれで伝わらないんだよね。

抽象的な物言いは難しい。「最後は、どちらがより多く勝ちたいと思うかだ」みたいなコメントって、試合直前で他に言うことない状況ならいいけど、練習中にそればっかりだったら

まあそうかもしんないけど、
とりあえず今は役に立たないアドバイス

ってことになっちゃう。というわけで、こんなコラムのこんな場所にさりげなく書いてしまったが、

きっとこういうところの方が記憶に残るでしょ。

これから大学の数学を本格的にやろうという諸君はぜひこのパラダイムの問題を覚えておいてもらって、変化に振り落とされないようにしてもらいたい。

Chapter9
微積の締めくくり

Section 9.1 $\dfrac{\sin x}{x}$ の極限値

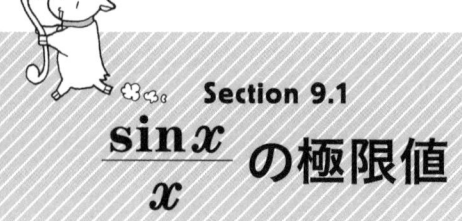

ここで問題にするのは

$$\lim_{x \to 0} \frac{\sin x}{x}$$

の値だが、そもそもここで x は弧度法（ラジアン）である。ラジアンとは何か。

半径 1 の円の弧長で角度を表現すること

である。なぜそんなことをするのか。あえてリスクを承知で断言しよう。

ラジアンは微積分のためにある！

のである[注1]。三角関数の微分はシンプルな結果[注2]になるが、これは単位にラジアンを使ったからである。e の定義のところでも同じような考え方が出てきたと思うが、「どうせどのように定義してもいいんだったら、いろいろな計算がうまくいくような定義を採用するのがおトクだろう」という発想は重要であり、ラジアンの定義はこの

おトクを見越した定義

になっている。

三角関数を微分しようとすると

$$\lim_{x \to 0} \frac{\sin x}{x}$$

注1) こういう「○○は○○のためにある」は、本書にありがちな、見てきたようなウソである。筆者が調べた限り、そういった「意図」を明確に記録した文献は見つけられなかった。歴史的経緯をご存知のかたは教えて欲しい。

注2) $(\sin x)' = \cos x$, $(\cos x)' = -\sin x$ だね。

のようなわけのわからない極限値を決めなければならない。こういう場面で役に立つのはやはり「はさみうち原理」であろう。この原理を使うためには、次のような式を作ればいい。

$$（なんか①） < \frac{\sin x}{x} < （なんか②）$$

別に、不等号は「≦」でも構わない。ここで、（なんか）にあたる式が2つとも $x \to 0$ で同じ値になって欲しい。もしうまいこと、そういう（なんか）を見つけられたら、真ん中の $\frac{\sin x}{x}$ もその値に収束するだろう、ということになって、求めることができる。この（なんか）にあたるものを「評価関数」という。そしてこの評価関数を見つけ出すところが

腕の見せどころ

なのである。評価関数を見つけるのは、一般的に、難しい。だからこそ、見つけられればそれは、

ちょっとしたファインプレイ

なのだ。

では評価関数をどうするか。「$\frac{\sin x}{x}$」を、そのままそういう関数だと考えると難しくなってしまう。これは「$\sin x$」と「x」を比べたものだと考えよう。このとき角度が「ラジアン」であるといろいろ嬉しい。ラジアンとは「角度」を表す単位で、単位円の弧の長さでその角度を表そうというアイディアである。「別に『度』でいーじゃん」という人も多かろう。しかしそれではいろいろがうまくいかない。何よりも、単位が「度」だと式に乗らない。「長さ x」で角度も表すようにすれば、その x は sin の中でも sin の外でも通用する。よく考えたものだと昔の人の知恵に感動する。ラジアンの「単位円の弧の長さで角度を表す」とは、具体的には、90度は $\frac{\pi}{2}$、180度は π になる。

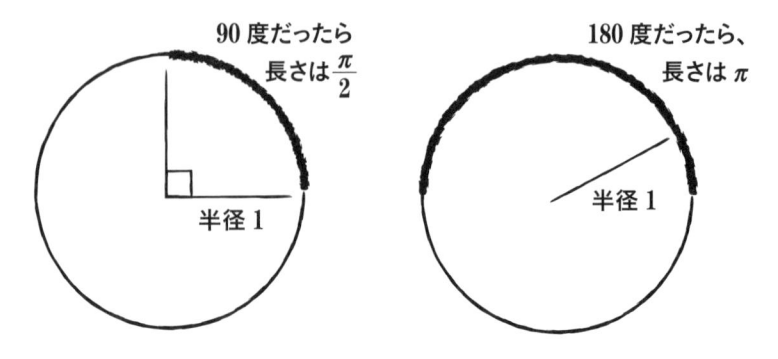

90度だったら
長さは$\frac{\pi}{2}$
半径1

180度だったら、
長さはπ
半径1

こう書くと面倒そうかな？ 別の書き方をしよう。
「半径1の扇形の弧の長さがxなら、角度もx」

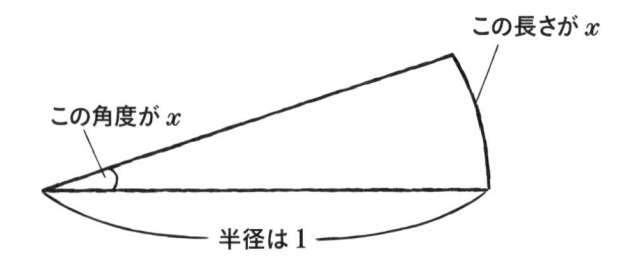

この長さがx
この角度がx
半径は1

これに、$\sin x$と$\cos x$と$\tan x$を書き込むと、よりハッキリするだろう。ちなみに$\tan x$は「角度xのときの『傾き』」である。

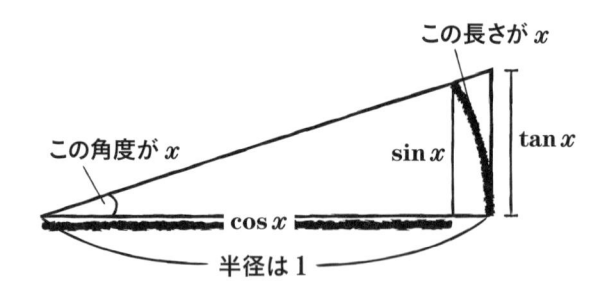

この長さがx
この角度がx
$\sin x$
$\tan x$
$\cos x$
半径は1

さて、今は何をやっていたんだっけ。「$\sin x$」と「x」を比べたいんだよね。この図を見ながら考えると、「$\sin x < x < \tan x$」かな？ いや、そんなことはないか。xと$\tan x$は大小関係が微妙だ。どうしよう。

そっか、面積を使うか。

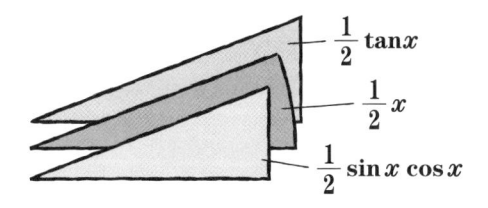

$$\frac{1}{2}\tan x$$
$$\frac{1}{2}x$$
$$\frac{1}{2}\sin x \cos x$$

扇形の面積は、円が（半径1より）π、一周で 2π ラジアンだから、

$$（中心の角度 x の扇形）= \pi \times \frac{x}{2\pi} = \frac{1}{2}x$$

となる。面積ならば大小関係は明らかで、

$$小さい三角形 < 扇形 < 大きい三角形$$

となる。そのまま式に直すと、

$$\frac{1}{2}\sin x \cos x < \frac{1}{2}x < \frac{1}{2}\tan x$$

となる。$\frac{\sin x}{x}$ を間に挟む、ということを見越して全体を $\sin x$ で割ってやって（全体に作用している $\frac{1}{2}$ も取り払うよ。）

$$\cos x < \frac{x}{\sin x} < \frac{1}{\cos x}$$

としておく。ここで、x をゼロに近づけよう。

x をゼロに近づける過程で、この大小関係は変わらない

というところがミソである。最左辺・最右辺ともに、x をゼロに近づければ近づけるほど1に近づいていくだろう。このことを「1に収束する」という。大小関係が不変であるうえ、不等号の両側が同じ値に収束する場合、その間に挟まれたモノも当然その値に収束すると推理される。この考え方を「はさみうち原理」という。この場合は最左辺・最右辺とも

に 1 に収束するので、間に挟まれた $\dfrac{x}{\sin x}$ も 1 に収束すると考えられるのだ。なんとなく「こんなんで、いーのか？」という気がしないでもないが、まあ、はさみうち原理は「そーゆーもんだ」と思って納得してもらいたい。

話が長くなったが、結局 $x \to 0$ で $\dfrac{x}{\sin x}$ は 1 に収束することがわかった。これを数式で表現するとこうなる。

$$\lim_{x \to 0} \dfrac{x}{\sin x} = 1$$

あれ？ 欲しかったのは $\dfrac{\sin x}{x}$ じゃなかったっけ。まあ、$\dfrac{x}{\sin x}$ の極限がわかれば $\dfrac{\sin x}{x}$ はその逆数でよさそうだよね。証明はとくに頑張らないけど、

$$\cos x < \dfrac{x}{\sin x} < \dfrac{1}{\cos x}$$

の段階で逆数をとってしまえば

$$\cos x < \dfrac{\sin x}{x} < \dfrac{1}{\cos x}$$

となるよね。この式変形は x は「ゼロではない」という設定なので何の問題もない。あらためてこの式に対して x をゼロに近づければ、$\dfrac{\sin x}{x}$ の極限を求めることができる。というわけで、無事に

$$\lim_{x \to 0} \dfrac{\sin x}{x} = 1$$

が求まった。都合よく極限値が「1」になってくれたし、だからこそ三角関数の微分がシンプルなかたちになるわけだが、それはおそらく偶然ではない。「ラジアンという単位をうまく決めた人」が実に知恵者であり、陰の功労者なのだ。

Section 9.2
x^α の微分

微分のルールで
$$(x^n)' = nx^{n-1}$$
は（文字に n を使っていることからも想像つくように）n としては自然数を想定している。ただし実際はこの式の n は実数でよい。つまりルートの微分は n を $\frac{1}{2}$ だと思ってこの式に入れればよいのである。ここで「n のところに実数を入れてもいいんだ」ということを証明しておこう。n に実数を入れるというのはなんとなく「ポチという名前の猫」みたいな感じになるので、ここからは n の代わりに α を使おうね。

log の計算に慣れているかな？ $x = e^{\log x}$ であることを利用するぞ。
$$\begin{aligned} x^\alpha &= (e^{\log x})^\alpha \\ &= e^{\alpha \log x} \end{aligned}$$

これを微分すればよいのだが、少していねいにやろうか。$f = x^\alpha$ として、$y = \alpha \log x$ とおく。このとき
$$\begin{cases} f = e^y \\ y = \alpha \log x \end{cases}$$

となるので、「合成関数の微分」をやってみよう。それぞれ、y と x で微分してやると、

$$\begin{cases} \dfrac{df}{dy} = e^y \\ \dfrac{dy}{dx} = \dfrac{\alpha}{x} \end{cases}$$

となるので、

$$\frac{df}{dx} = \frac{\alpha}{x} e^y$$

もちろん $e^y = x^\alpha$ なのだから、

$$\frac{df}{dx} = \frac{\alpha}{x} \cdot x^\alpha$$
$$= \alpha x^{\alpha - 1}$$

これでめでたく、

$$(x^\alpha)' = \alpha x^{\alpha - 1}$$

となり、この α は実数で構わない。

Section 9.3
神戸大学の問題

関数 $f(x)$, $g(x)$ はいずれも $x \geqq 0$ において連続で、かつ $g(x) > 0$ であるとする。さらに、$x \geqq 0$ において関数 $H(x)$, $G(x)$ を
$$H(x) = \int_0^x f(t)g(t)dt, \ G(x) = \int_0^x g(t)dt$$
と定義する。次の各問いに答えよ。

(1) $b > 0$ が与えられたとき、$x \geqq 0$ において関数 $P(x)$ を
$$P(x) = G(b)H(x) - H(b)G(x)$$
と定義すると、
$$P'(c) = 0, \ 0 < c < b$$
となる実数 c が存在することを示せ。

(2) $b > 0$ ならば、
$$\frac{H(b)}{G(b)} = f(c), \ 0 < c < b$$
となる実数 c が存在することを示せ。

(3) 関数 $f(x)$ が $x > 0$ において単調増加なら、関数 $\dfrac{H(x)}{G(x)}$ も $x > 0$ で単調増加であることを示せ。

(神戸大学 後期 1998)

(1) 平均値定理より、
$$P'(c) = \frac{P(b) - P(0)}{b} \quad 0 < c < b$$
なる c が存在する。ところで、この右辺について、$P(0) = 0$ および $P(b) = 0$ が成り立つから、上式は
$$P'(c) = 0 \quad 0 < c < b$$
と等しく、よって上の条件を満たす c が存在することが示された。

(2) 与式 $P(x) = G(b)H(x) - H(b)G(x)$ を x で微分すると、
$$P'(x) = G(b)H'(x) - H(b)G'(x)$$
これに (1) で求めた c を代入すると、左辺は $P'(c) = 0$ になるので、
$$0 = G(b)H'(c) - H(b)G'(c)$$
ゆえに、
$$\frac{H'(c)}{G'(c)} = \frac{H(b)}{G(b)}$$
ところで、H および G の定義を x で微分することにより、
$$\begin{cases} H'(x) = f(x)g(x) \\ G'(x) = g(x) \end{cases}$$
であるから、
$$f(x) = \frac{H'(x)}{G'(x)}$$
を得る。これに c を入れて
$$f(c) = \frac{H'(c)}{G'(c)}$$
ゆえに、

$$f(c) = \frac{H(b)}{G(b)}$$

となり、(1) より c は存在するので、題意は示された。

🐾 🐾 🐾 🐾 🐾 🐾 🐾 🐾 🐾 🐾 🐾 🐾

なんか、日本語で苦労したって感じの答案だが、まあ、こんなもんだろう。(3) は本編で解説していないので、少し注釈を加えながらいこう。

これはまず、問題文を数学語に訳すところからだな。
「関数 $f(x)$ が $x > 0$ において単調増加なら」
ってのは、

$$f'(x) > 0 \quad (x > 0)$$

ということだ。次の「関数 $\dfrac{H(x)}{G(x)}$ も $x > 0$ で単調増加」は、同様に、

$$\left(\frac{H(x)}{G(x)}\right)' > 0 \quad (x > 0)$$

ということだ。つまりこの問題は、上の左辺がゼロより大きいことを言えばよくて、そのための道具としては $f'(x) > 0$ を使いなさいよ、と言っているのだ。早速左辺の微分を実行してみる。

$$\left(\frac{H(x)}{G(x)}\right)' = \frac{1}{(G(x))^2}(H'(x)G(x) - H(x)G'(x))$$

$$= \frac{1}{(G(x))^2}(f(x)g(x)G(x) - H(x)g(x))$$

$$= \frac{g(x)}{(G(x))^2}\underline{(f(x)G(x) - H(x))}$$

問題文の仮定より $g(x) > 0$ であり、$(G(x))^2$ も正なので、下線部の符号が全体の符号を決定する。ここで、ゴチャゴチャしてきたので、新しい文字をおく。

$$h(x) = f(x)G(x) - H(x)$$

とすると、これを x で微分して、

$$h'(x) = f'(x)G(x) + f(x)g(x) - f(x)g(x) = f'(x)G(x)$$

上で、$f'(x) > 0$ であった。また、$g(x) > 0$ のとき当然に $G(x) > 0$ であろう[注3]から、

$$h'(x) > 0$$

また、

$$h(0) = 0$$

より、$x > 0$ で $h(x) > 0$ である。したがって、$x > 0$ で、

$$\left(\frac{H(x)}{G(x)}\right)' > 0$$

となり、題意は示された。

なんとなく、(2) を使わずに解いてしまった。
誘導に乗るのはそれはそれで難しいな。

注3) $g(x) > 0$ で、$G(x) = \int g(x)dx$ だったら、正の $g(x)$ を足し合わせて $G(x)$ になるのだから、$G(x)$ が負になるはずがない。

Section 9.4
早稲田大学の問題

本書で扱っていない内容も含まれているが、気になる人もいるだろうし、解答をつけておく。

放物線 $C : y = \dfrac{x^2}{2}$ とその焦点 $F\left(0, \dfrac{1}{2}\right)$ を考える。このとき次の問いに答えよ。

(i) C 上の点 $P(u, v)$ $(u > 0)$ における C の接線 l と x 軸との交点を T とする。線分 PT と線分 FT は直交することを示せ。

(ii) 線分 FT の長さを求めよ。

(iii) $\dfrac{d}{dx}\log(x + \sqrt{x^2 + 1})$ を求めよ。

(iv) 放物線 C の、$x = 0$ から $x = u$ までの長さを $s(u)$ とする。また、点 P からの距離が $s(u)$ となる l 上の点のうちで、T に近い方の点を Q とする。このとき、線分 QT の長さを求めよ。

(v) C が x 軸に接しながら、すべらないように右の方に傾いていくとき、焦点 F の軌跡を求めよ。

(早稲田 理工 1998 5)

（ⅰ）接線は $v+y=ux$、ゆえ、T は $\left(\dfrac{v}{u},\ 0\right)$ であるから、

$$\begin{cases}\overrightarrow{\mathrm{PT}}=\begin{pmatrix}\dfrac{v}{u}-u\\ -v\end{pmatrix}=\begin{pmatrix}-\dfrac{u}{2}\\ -v\end{pmatrix}\\ \overrightarrow{\mathrm{FT}}=\begin{pmatrix}\dfrac{v}{u}\\ -\dfrac{1}{2}\end{pmatrix}\end{cases}$$

となり、

$$\overrightarrow{\mathrm{PT}}\cdot\overrightarrow{\mathrm{FT}}=0$$

で、内積がゼロになるので、PT⊥FT。

（ⅱ）上で $\overrightarrow{\mathrm{FT}}$ を求めているので、

$$|\overrightarrow{\mathrm{FT}}|=\sqrt{\left(\dfrac{v}{u}\right)^2+\left(-\dfrac{1}{2}\right)^2}$$
$$=\sqrt{\dfrac{u^2+1}{4}}$$
$$=\dfrac{1}{2}\sqrt{u^2+1}$$

ただの計算問題だね。

（ⅲ）これもただの計算。

$$\dfrac{d}{dx}(\log(x+\sqrt{1+x^2}))=\dfrac{1+\dfrac{2x}{2\sqrt{1+x^2}}}{x+\sqrt{1+x^2}}$$
$$=\dfrac{1}{\sqrt{1+x^2}}$$

(iv) 問題文を把握するのがタイヘンかもしれないね。

$$s(u) = \int_{x=0}^{x=u} \sqrt{dx^2 + dy^2}$$

$$= \int_0^u \sqrt{1 + \left(\frac{dy}{dx}\right)^2} dx$$

$$= \int_0^u \sqrt{1 + x^2}\, dx$$

この積分は、次のようにして求める。

まず (iii) で $\int \frac{1}{\sqrt{1+x^2}}$ は解けてる。これをヒントと考えると、ムリヤリ分母に $\sqrt{1+x^2}$ を持ってくる変形を考えよう。

$$\int_0^u \sqrt{1+x^2}\, dx = \int_0^u (1+x^2) \frac{1}{\sqrt{1+x^2}}\, dx$$

$$= \int_0^u \frac{1}{\sqrt{1+x^2}}\, dx + \int_0^u \frac{x^2}{\sqrt{1+x^2}}\, dx$$

第1項は (iii) で解けてる式そのまんま。第2項は部分積分によって

$$\int_0^u \frac{x^2}{\sqrt{1+x^2}} = \left[x\sqrt{1+x^2}\right]_0^u - \underline{\int_0^u \sqrt{1+x^2}\, dx}$$

となる。下線部に問題と同じものが出てきてイヤ〜な感じがするが、よく見ると符号が負なので解けている。つまり、

$$\int_0^u \sqrt{1+x^2}\, dx = \left[\log(x+\sqrt{1+x^2})\right]_0^u + \left[x\sqrt{1+x^2}\right]_0^u - \int_0^u \sqrt{1+x^2}\, dx$$

となるので、これを整理してやれば、

$$\int_0^u \sqrt{1+x^2}\, dx = \frac{1}{2}\left\{\left[\log(x+\sqrt{1+x^2})\right]_0^u + \left[x\sqrt{1+x^2}\right]_0^u\right\}$$

$$= \frac{1}{2}\left\{\log(u+\sqrt{1+u^2}) + u\sqrt{1+u^2}\right\}$$

ゆえ、

$$s(u) = \frac{1}{2}\left\{\log(u+\sqrt{1+u^2}) + u\sqrt{1+u^2}\right\}$$

ここで、
$$|\overrightarrow{\mathrm{PT}}| = \frac{1}{2}u\sqrt{1+u^2}$$
であるので、
$$|\overrightarrow{\mathrm{QT}}| = \frac{1}{2}\log(u+\sqrt{1+u^2})$$

（v）なんなの、これ？
Pまで転がったときの図が描けるかどうか。ムズいねー、これは。
F は、
$$\begin{cases} x = \frac{1}{2}\log(u+\sqrt{1+u^2}) \\ y = \frac{1}{2}\sqrt{1+u^2} \end{cases}$$

軌跡は u を消去すればいい（正しくは、「u が存在するための x, y の条件を求める」だが、その具体的手法は u 消去である）。これはすぐに、
$$x = \frac{1}{2}\log(\sqrt{4y^2-1}+2y), \ (x>0)$$
を得る。筆者はこれで答えでよいと思うが、世の中にはグラフといえば y で始めないと気がすまない人もいるようなので、ちょっと努力してみると、$e^{2x} = \sqrt{1+u^2}+u$ で、これはたまたま、
$$\frac{1}{\sqrt{1+u^2}+u} = \sqrt{1+u^2}-u \qquad (\bigstar)$$
なので、$e^{-2x} = \sqrt{1+u^2}-u$ になる。これなら、$e^{2x}+e^{-2x} = 2\sqrt{1+u^2}$ ゆえに、
$$y = \frac{1}{4}\ (e^{2x}+e^{-2x})$$
を得る。しかし、（★）は気づかなくても仕方ないという面もある。「ここまで求める必要はない」という事実がわかっていればいい。

誘導のある微分積分の問題だが、誘導があるからといって易しくなっているわけではなく、むしろ道が限られるため、難しくなっているかもしれない。垂直の判定にベクトルの内積を使っているが、こういう道具は自在に使えるのが望ましい。自在に使えるようになるには、範囲にとらわれず、とにかく「使う」ことに尽きる。

イラスト兼まんが担当：森皆ねじ子 Morimina Nejiko.

旧『むずかしい微分積分』は、私のイラストがはじめて載った書籍でした。あれから10年がたちます。改題し新作となったこの本に、たくさんのマンガを新たに載せることができたことをとてもうれしく思います。仕事を続けていると思いもかけず良いことがおこりますね。無理矢理でも続けるって大切ですね！うふふ。続巻も出るといいな♡

Heavy Rotation BGV & BGM: モーニング娘。
『モーニング娘。誕生15周年記念コンサートツアー2012秋〜カラフルキャラクター〜』
アップアップガールズ（仮）『ファーストアルバム（仮）』『リスペクトーキョー』

あとがき

　微分積分、むずかしいよね。
　でも難しいものがツマラナイとは限らない。山が好きな人は難しいルートほど燃えるだろうし、パズルが好きな人は難しいものほどやり甲斐があるだろう。初心者に対して安直に易しくしては面白さも消し飛ぶし、下手に単純化すればすぐに飽きる。
　　　初心者には、易しくする必要はないが、優しくする必要はある。
内容を易しくする必要はないが、説明は易しくする必要はある。いわゆる難しいとされるものの多くは本当に難しいのではなく「不親切」なのである。初学者は初学者であるがゆえに不親切であることに気づかず、結局自分の才能のせいにしたり、数学の先生のせいにしたりしながら脱落しそして「敗北感」を味わう。楽しいおもちゃもいつか飽きて遊ばなくなるときがくる。それはそれでいいんだよ。しかし「敗北感」はどうなんだ。国語の専門家以外は「国語の勉強を途中でやめている」わけだが、敗北感を持っている人はあまりいないだろう。もしかすると「親切に説明してもらったのにわからない」から敗北感になるのかもね。説明してくれた人は親切な人だ。間違いない。でもその説明は本当に親切か。
　　　難しい概念を幼児語で説明しても、
　　　易しく説明したことにはならない。
数学は概念である。概念とは、愛とかオバケのような、「言葉では説明できないイメージ」である。愛という概念を知るためには、愛の定義を辞書で読むことではなく、愛を表すであろう物語を本で読んだり映画を見たり、あるいは経験しなければならない。つまりは、複数の物語が必要なのである。概念を伝えるには創意工夫が必要で、それは教える側の仕事である。"読書百遍意自ずから通ず"はその百遍の間にイメージを

組み立てるという意味では間違いではないが、わからないものを百遍も読むのは拷問で、それを苦労なくできるのは変人だ。マンガやアニメを使って教材を作ってもそこに工夫がなければそれほどの意味はない。同じ話をマンガ化しようがアニメ化しようがしょせんは同じ話。概念の理解には違う話が必要で、違う話は

作者が魂を削らないと出てこない。

読者は作者の苦労など気にする必要はない。そもそも作者の苦労を売りにする作品って何かがおかしいだろ。どんどん消費しなされ。そうして自分の中に概念を組み立てよう。皆さんが本書で数学を面白いと思えなくてもそれは皆さんのせいでも数学のせいでもなく、筆者のせいである。恋愛小説と同じで、そのときは別の物語を探そう。私が魂を削って書いた本も、あなたの踏み台の一つにすぎない。私もそうしてきた。あなたもそうすればいい。私が後輩の踏み台になることは、私をここまで育ててくれた先達への感謝に他ならない。

＊

　本書は 2000 年に荒地出版社さんから出した『むずかしい微分積分』の再版である。再版にあたり改題せざるを得ない「大人の事情」があったのだが、技術評論社さんは、ななんとカバーを裏返して使うと旧書名のデザインになる

旧書名のファンの方のための「カバーのリバーシブル仕様」

という、およそ数学書としてあり得ない、かなり特別な装丁にして下さった。電子書籍の時代に装丁に凝るのは時代遅れかもしれないが、技術評論社さんの心意気が嬉しい。もともとの『むずかしい微分積分』は筆者にとって特別の一冊だったが、この『ワナにはまらない微分積分』も特別の一冊になると思う。あなたにとっても特別な一冊になるといいな。

　『ワナにはまらない微分積分』、ここまで読み通すのは大変だったよね。お疲れさまでした。またお会いしましょう。願わくはそのとき、私も皆さんも、大きな幸せの中におりますように。

2013 年 3 月 13 日 大上丈彦

[著者プロフィール]

大上丈彦（おおがみ・たけひこ）
プログラマー、ディレクター、予備校講師などを経て、現在医師。とある入門書のわかりにくさに辟易して「メダカカレッジ」を設立。自らの原稿執筆のほか、総合わかりやすさプロデューサーとして書籍や雑誌記事の企画・構成も行なっている。著書は『マンガでわかる微分積分』『マンガでわかる統計学』（サイエンス・アイ新書）など。

森皆ねじ子（もりみな・ねじこ）
医学生時代からイラストレーターとしての活動を開始。卒業後、医師として病院に勤務しつつ月刊誌やフリーペーパーでマンガとコラムの連載を続ける。著書は『ねじ子のヒミツ手技』（SMS）『ねじ子とあんしんマッチング』（MEC出版）など。ブラックジャックもいいけれど、むしろ手塚治虫先生に憧れる女医兼マンガ家。

メダカカレッジについて

「入門者の目線での入門書を作る」を基本コンセプトに掲げた企画編集プロダクション。2000年設立。現在は数名のライターが所属し、「難解な教科書が難解な概念を伝えているわけではない」「難しい概念を幼児語で説明しても簡単にはならない」「わかりやすい説明ができないのは、説明者がわかってないからだ」を合言葉に活動中。

本書へのご意見、ご感想は、以下のあて先で、書面またはFAXにてお受けいたします。
電話でのお問い合わせにはお答えいたしかねますので、あらかじめご了承ください。
〒162-0846　東京都新宿区市谷左内町21-13
株式会社技術評論社　書籍編集部『ワナにはまらない微分積分』係　FAX：03-3267-2271

ブックデザイン	加藤愛子（オフィスキントン）	
カバー・本文イラスト	森皆ねじ子	
DTP	明昌堂	Special Thanks to
校正・校閲	梵天ゆとり（メダカカレッジ）	則松直樹／藤田博司／佐藤丈樹／酒井直行

ワナにはまらない微分積分（びぶんせきぶん）

2013年6月10日　初版　第1刷発行
2017年9月24日　初版　第3刷発行

著　者　　大上 丈彦
発行者　　片岡 巌
発行所　　株式会社技術評論社
　　　　　東京都新宿区市谷左内町21-13
　　　　　電話　03-3513-6150　販売促進部
　　　　　　　　03-3267-2270　書籍編集部
印刷／製本　株式会社加藤文明社

定価はカバーに表示してあります。

本書の一部または全部を著作権法の定める範囲を越え、無断で複写、複製、転載、テープ化、ファイルに落すことを禁じます。
造本には細心の注意を払っておりますが、万一、乱丁（ページの乱れ）や落丁（ページの抜け）がございましたら、小社販売促進部までお送りください。送料小社負担にてお取り替えいたします。

ISBN 978-4-7741-5568-5 C0041　Printed in Japan
©2013　大上丈彦、森皆ねじ子